TERMINOLOGY for COOKING

조리용어

이 책을 펴내면서

조리와 관련된 과목을 가르쳐 온 지 어느덧 10년이 되었다.

조리는 인간의 손에 의해 이루어지는 작업이지만 기능적인 면 못지않게 관련 지식이 많이 필요한 분야이다. 그 중에서도 특히 전문용어의 필요성은 절실하다고 하겠다. 많은 조리인들이 현장에서, 또는 학교에서 작업을 하고 있고 작업 중에 필요한 여러 가지 시설과 도구, 기물 등에 관련된 전문용어는 이루 헤아릴 수 없이 많다. 특히 조리전문용어는 프랑스어에서 비롯된 것이 많으므로 외국어에 대한 지식이 상당히 필요하다.

이 책을 쓰기 위해 자료를 찾던 중 'meat mincer'와 'steel'을 검색해 보았지만 이러한 용어보다는 '민찌기', '야스리'라는 용어가 먼저 검색되었다.

조리 관련 전공은 매우 인기 있는 분야이므로 여러 대학에 학과가 설립되었고 전문계 고등학교에서도 강의가 이루어지고 있다. 이들의 희망은 대부분 특급호텔에 취업하고 멋진 레스토랑에서 근무하는 것이다. 요즘과 같은 글로벌 시대를 맞이하여 해외취업도 증가하고 있으며 조리 분야에서 소위 유학파도 많이 배출되었다. 그러나 아직도 용어는 민찌기와 야스리의 수준을 벗어나지 못하고 정리되지 않고 있는 실정이다.

학교와 현장에서 근무하는 모든 조리 관련 전문인들에게 도움이 되고자 이 책을 펴내게 되었으며 사진을 많이 첨부하여 이해를 돕고자 하였다. 부족한 점이 많지만 더욱더 연구하고자 한다.

끝으로 이 책의 발간을 위해 애써 주신 도서출판 효일의 임직원 여러분들께 깊은 감사를 드린다.

저자 씀

조리용어 Contents

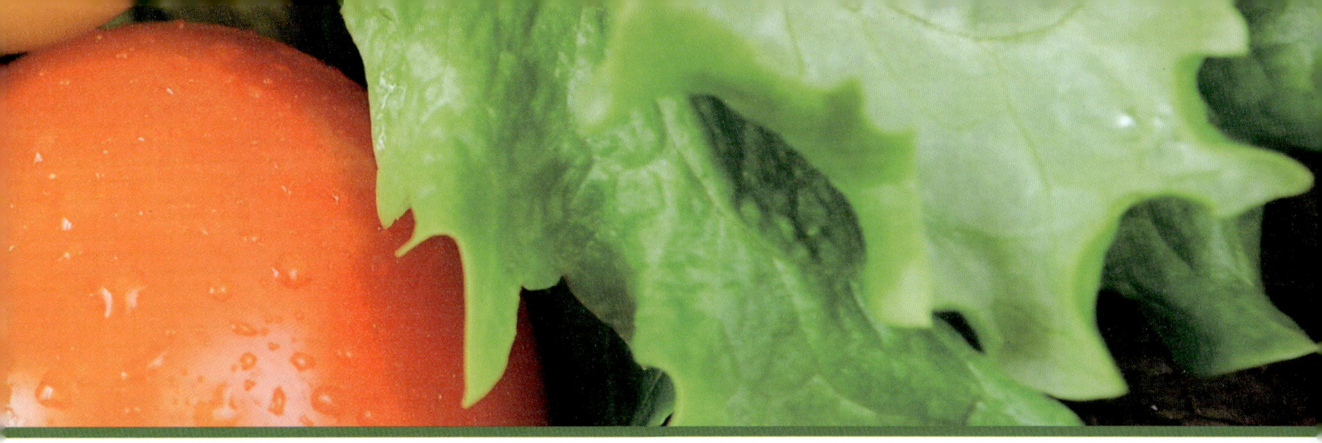

950
0
50
900
100
850
800
750

Chapter 01

조리업무

1. 개요
2. 주방의 개념과 조직
3. 주방 조직의 직무
4. 주방의 분류

1. 개요

식(食)이란 먹을 수 있는 (음)식물 자체 또는 (음)식물의 섭취를 뜻하며 식생활이란 먹는 것에 관련된 모든 활동을 총괄해서 말하는 것이다. 인간을 포함한 동물들은 생명유지와 종족 보존을 위하여 식생활을 영위하고 있는데 인간은 동물과 달리 획득한 식품을 입맛에 맞게 조리하는 방법을 취득하게 되었다. 인류 역사에서 불의 발견이야말로 인간의 조리 방법과 형태의 변화에 지대한 공헌을 하였다.

문화인류학자인 레비스트로스(Levi-Strauss)는 인간은 동물과 달리 자연에서 획득한 식품을 조리하여 먹으며 식사와 관련된 공통된 행동이나 생활의 양식을 공유하여 습득, 전달함으로써 식생활과 관련된 하나의 문화를 형성하는 능력을 가지고 있는데, 이것이 바로 문화와 자연을 구별하는 기준이 된다고 하였다. 이처럼 조리는 단순히 음식물을 섭취하는 방법에 그치지 않고 나아가 문화를 형성하는 수단이 되고 있다.

최근 외식산업이 전문 분야로 발달하면서 조리는 전문적인 기술을 습득한 사람이 먹을 수 있는 재료, 즉 식품을 가지고 그 식품의 특성을 살려 먹을 수 있도록 만드는 행위로 정의하고 있다. 그 목적은 식품에 들어 있는 성분과 형태에 외부적인 자극으로 인한 변화를 줌으로써 미각과 시각, 후각은 물론 영양학적인 효과를 최대화하고 소화 · 흡수에도 도움을 주면서 위생적으로 안전을 도모하는 것이다. 즉 합리적인 조리업무를 통하여 음식상품의 가치를 최대화하고 고객의 만족도를 높이면서 이윤을 추구할 수 있도록 하는데, 가장 중요한 것은 고객의 욕구를 충족시키는 최고의 상품을 생산하는 것이다. 적합한 조리 과정과 신선한 식재료의 사용 등 요리의 품질에 직접 영향을 미치는 요소들을 관리하여 부적합한 요리가 발생하지 않도록 하며 식자재가 낭비되지 않도록 하는 과정에서 식재료의 구매와 관리, 인력 관리, 시설 및 주방 관리 등 부수적인 업무가 발생한다. 전년도 매출기록표나 예약실태 등이 예상 고객을 산정하는 데 도움이 되며 정기적인 재고조사와 지속적인 연구, 벤치마킹 등을 통하여 트렌드(trend)에 적합한 메뉴를 개발할 수 있어야 한다.

생산된 음식은 고객의 만족도를 최대화하기 위해 신속, 정확하게 판매되어야 하며 요리에 대한 고객의 의견에 귀를 기울이고 고객의 반응을 점검하며, 고객카드나 매출 품목 기록을 작성하여 고객 관리와 메뉴 관리를 철저히 하여야 한다.

조리업무는 매우 복잡한 프로세스로 기본적인 조리업무뿐만 아니라 식재료의 구매와 관리, 원가 및 주방 관리, 서비스 제공, 상품의 홍보 등이 부수적인 업무로 발생하지만 최근에는 컴퓨터를 이용하여 원가 및 인건비를 비롯한 제반 비용과 주방 시설 등을 효율적으로 관리하고 있으며 아울러 재고 및 인력 관리, 메뉴 관리 등도 할 수 있게 되었다. 또한 다양한 식품 가공품의 이용으로 조리 과정을 좀 더 단순화하며 원가도 절약할 수 있다.

2. 주방의 개념과 조직

조리업무가 이루어지고 있는 주방(kitchen)의 사전적 의미는 'The room or area containing cooking facilities or the area where food is prepared' 이다. 즉 '요리 시설을 갖춘 방 또는 공간으로 식품을 조리하는(준비하는) 곳' 이라는 뜻이다.

주방 조직이란 음식상품의 생산과 주방 운영에 관계되는 전반적인 업무를 효율적으로 수행하기 위한 일체의 인적구성을 말한다. 예를 들면 호텔의 경우 수익원은 객실부문과 식음료 부문, 기타 부대 시설로 나눌 수 있는데 주방 조직은 호텔의 식음료 부서(food and beverage department)에서 음식 생산의 기능을 담당하는 조리부의 조직을 말하며 각 호텔의 규모와 경영 형태, 메뉴의 성격에 따라 주방 조직에 차이가 있다.

3. 주방 조직의 직무

주방 조직의 직무는 주방에 속한 개인의 직무분석을 의미한다.

(1) 총주방장(executive chef, grand chef)

조리부서의 최고 책임자로서 주방의 업무를 총괄, 관리하며 총지배인과 식음료 담당 부총지배인의 지휘를 받는다. 호텔의 예산 책정에 참여하며 식재료와 조리 장비를 주문하고 검수, 결재한다. 인사 관리, 기획, 메뉴 개발, 인건비 산출 등의 업무를 수행한다. 주방장 회의를 통하여 단위주방간의 업무 분담과 조정 등을 협의한다.

(2) 부총주방장(executive sous chef, head sous chef, sous chef exécutif)

총주방장을 보좌하며 부재 시 직무를 대행한다. 메뉴 개발, 메뉴 계획 등에 필요한 여러 정보를 수집하며 조리교육을 실시하고 주방 운영을 실질적으로 수행하는 책임을 지고 있다.

(3) 주방장(under chef, sous chef)

대규모의 호텔은 양식, 동양식, 메인 그리고 세척부 등 크게 4개 정도의 단위(section) 주방으로 구성되어 있다. 주방장은 각각의 단위주방의 책임자로서 양질의 음식을 생산할 수 있도록 하며 메뉴 개발과 조리사의 근태 관리 및 교육을 실시한다. 또한 서비스 직원 책임자와의 협의를 통하여 고객 서비스가 원활히 이루어지도록 한다.

(4) 조리장(head chef, chef de partie)

단위주방의 중간자로서 주방장의 업무지침을 조리사에게 세부적으로 지시하고 수행 여부를 점검한다. 기물 관리 담당자와 협의하여 조리에 필요한 기구와 기물을 조달하고 완성된 음식을 최종 점검하여 고객에게 제공 여부를 확인한다. 각 단위부서의 장, 각 단위부서의 조리와 인사, 교육, 훈련을 실질적으로 집행하며 경영진과 현장직원과의 중간 역할을 한다.

(5) 부조리장(assistant head chef, commis chef de partie)

단위주방 내의 각 조 조장으로서 주방장이 작성한 메뉴에 따라 조리사들과 함께 조리업무를 담당한다.

(6) 수퍼바이저(supervisor, 1 éme commis chef de partie)

수련 과정에 있는 견습 주방장으로서 부조리장에 준하는 업무를 수행한다. Section chef와 함께 모든 조리업무의 mise en place를 수행, 점검한다.

(7) 섹션 셰프(section chef, 2 éme commis chef de partie)

단위주방의 section과는 다른 의미의 section으로 각각의 영업 주방 내에서 메뉴에 따라 hot section, cold section 등으로 나누어진다. 주방장의 지시에 따라 실질적인 조리업무를 수행한다.

(8) 1급 조리사(1st cook, 1 éme commis de cuisine)

부조리장의 지시를 받아 준비하고 조리를 직접 한다. 하급 조리사들의 조리업무를 지도하며 담당 냉장고와 냉동고를 관리한다.

(9) 2급 조리사(2nd cook, 2 éme commis de cuisine)

육류, 생선, 채소 등을 일차적으로 손질하여 조리할 수 있도록 준비한다. 상급자의 지시를 받아 조리업무를 수행한다.

(10) 3급 조리사(3rd cook, 3 éme commis de cuisine)

상급자의 지시를 받아 식재료를 손질, 준비하고 직접 조리한다. 주방과 장비의 청결 유지에 힘쓰며 조리기술을 습득한다.

(11) 견습생(trainee, stagiaire, apprentice)

칼 갈기, 육류와 생선, 채소 손질 및 준비, 조리기구의 선별 등 조리업무에 필요한 제반 업무를 준비하며 식재료를 정리, 정돈하고 조리법과 기술을 습득한다.

(12) 세척부(steward, stewardess)

일선 영업장의 쓰레기를 수거하여 처리하며 dish washer를 관리하고 조리 기물을 세척하는 직무를 수행한다.

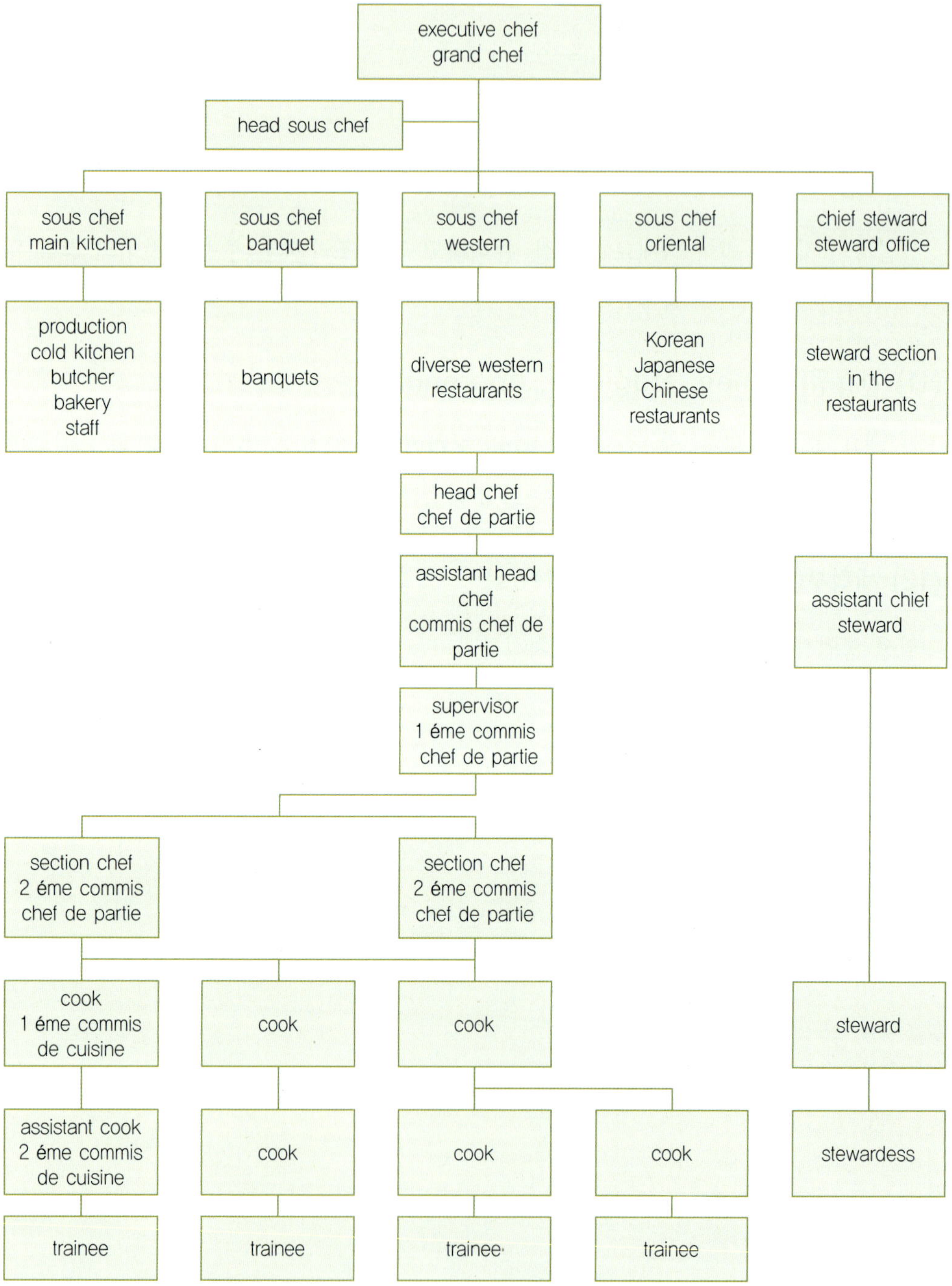
executive chef
grand chef
head sous chef
sous chef
main kitchen
sous chef
banquet
sous chef
western
sous chef
oriental
chief steward
steward office
production
cold kitchen
butcher
bakery
staff
banquets
diverse western
restaurants
Korean
Japanese
Chinese
restaurants
steward section
in the
restaurants
head chef
chef de partie
assistant head
chef
commis chef de
partie
assistant chief
steward
supervisor
1 éme commis
chef de partie
section chef
2 éme commis
chef de partie
section chef
2 éme commis
chef de partie
cook
1 éme commis
de cuisine
cook
cook
steward
assistant cook
2 éme commis
de cuisine
cook
cook
cook
stewardess
trainee
trainee
trainee
trainee

[그림 1] 주방 조직도

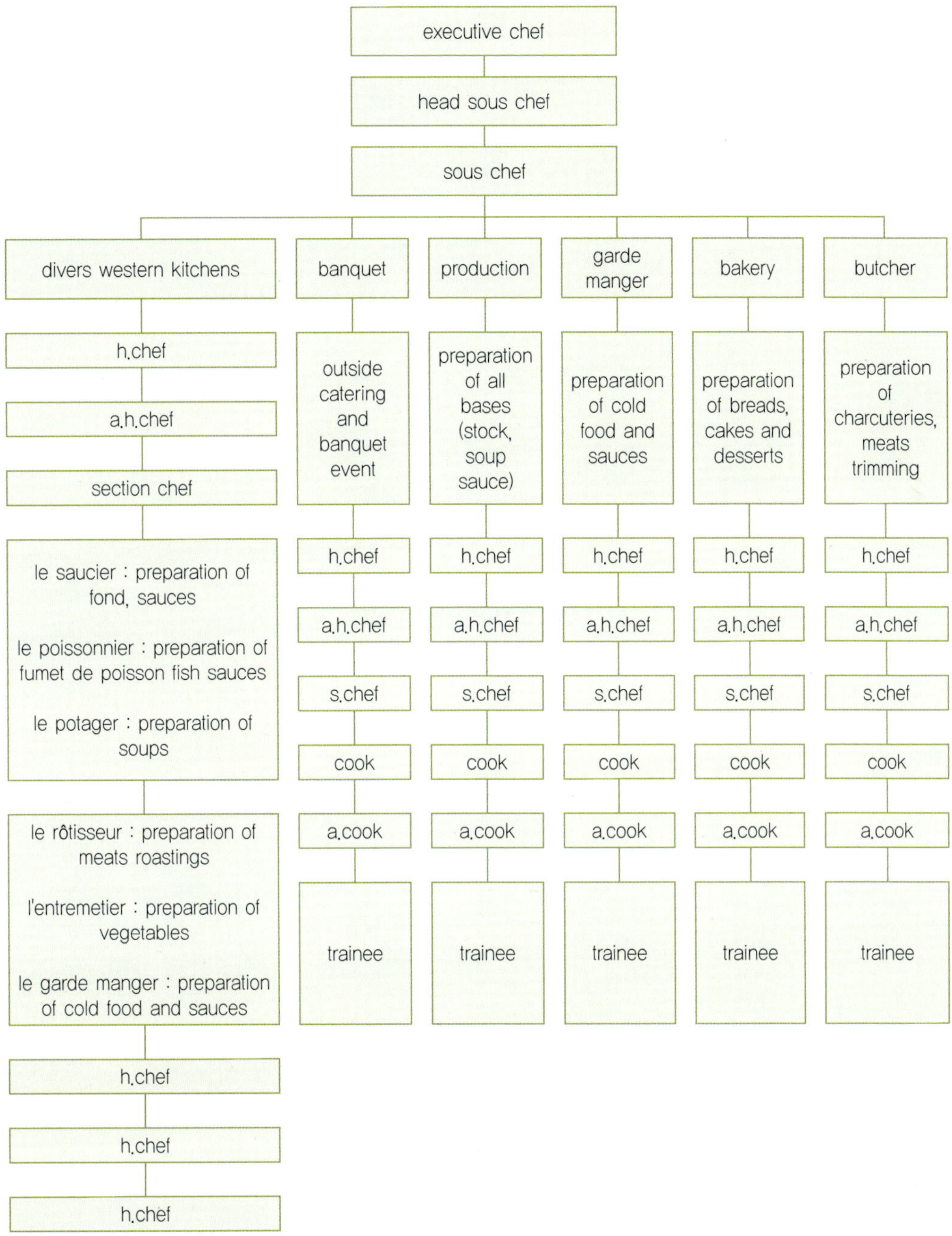
executive chef
head sous chef
sous chef
divers western kitchens
banquet
production
garde manger
bakery
butcher
h.chef
a.h.chef
section chef
le saucier : preparation of fond, sauces
le poissonnier : preparation of fumet de poisson fish sauces
le potager : preparation of soups
le rôtisseur : preparation of meats roastings
l'entremetier : preparation of vegetables
le garde manger : preparation of cold food and sauces
h.chef
h.chef
h.chef
outside catering and banquet event
preparation of all bases (stock, soup sauce)
preparation of cold food and sauces
preparation of breads, cakes and desserts
preparation of charcuteries, meats trimming
h.chef
a.h.chef
s.chef
cook
a.cook
trainee

[그림 2] 양식주방 조직도

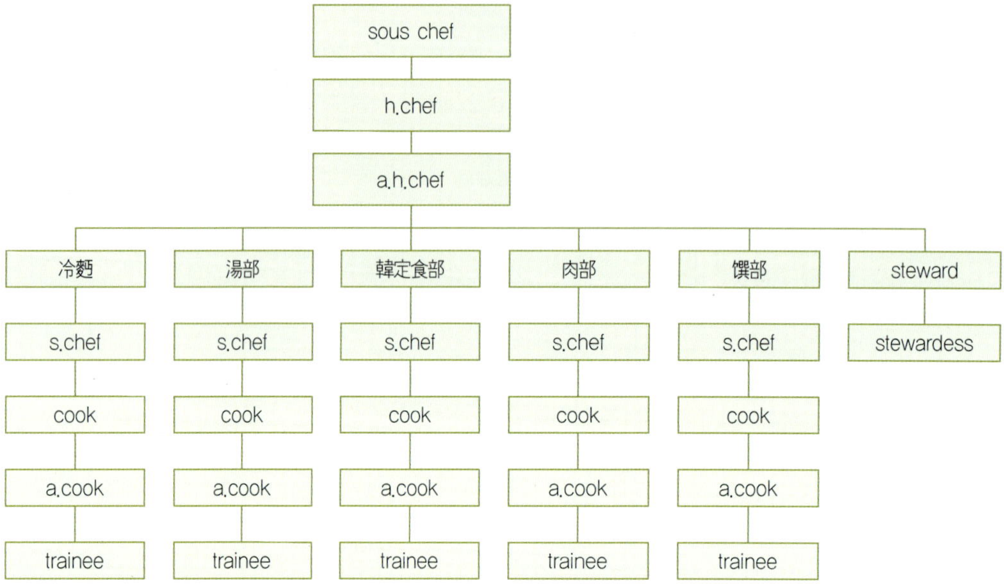

[그림 3] 한식주방 조직도

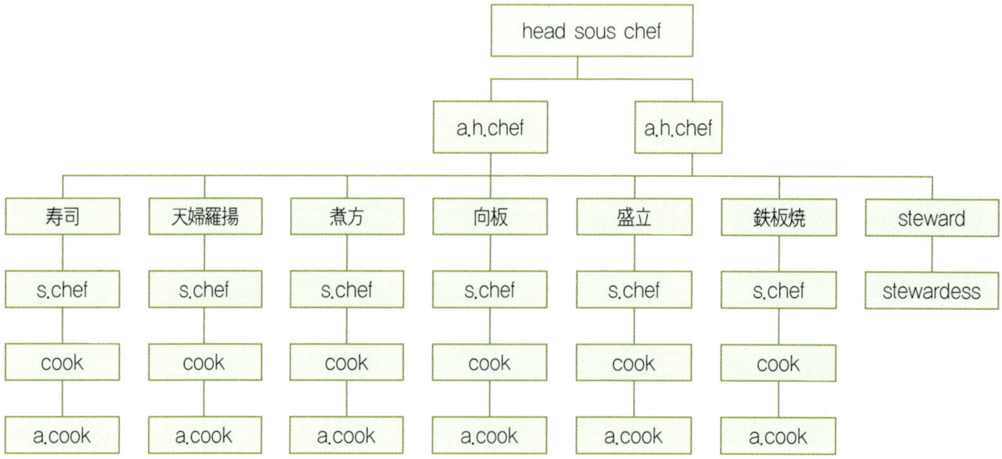

[그림 4] 일식주방 조직도

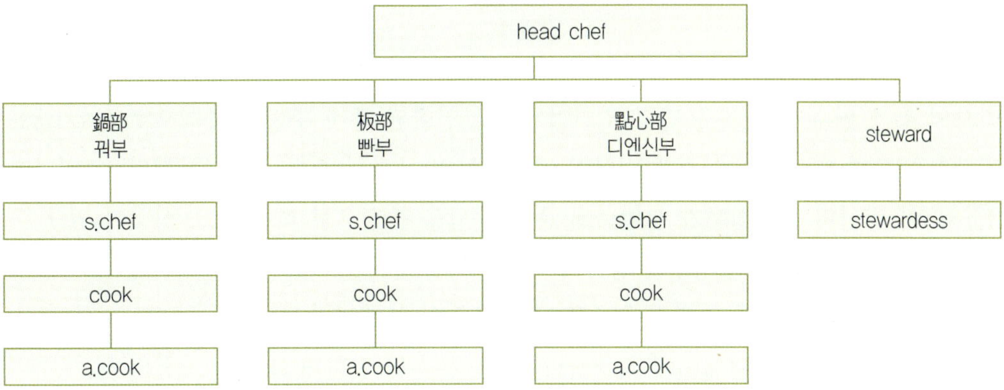

[그림 5] 중식주방 조직도

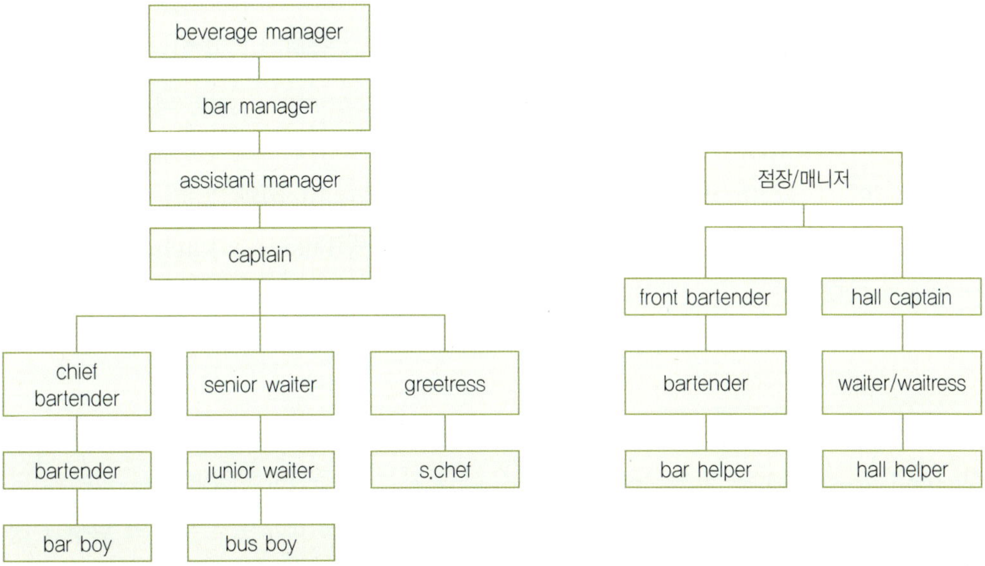

[그림 6] 바 조직도

4. 주방의 분류

주방은 크게 규모에 의한 분류와 기능에 의한 분류로 나눌 수 있는데 종사하고 있는 조리사의 총 인원수가 60명을 넘고 조리업무가 분업화된 준비 주방을 중심으로 하는 대표 식당이 있으며 영업 주방이 5개 이상인 경우에는 대규모의 주방으로 분류한다. 조리사가 30~60여 명이며 조리업무가 분업화된 준비 주방을 중심으로 하는 대표 식당이 있고 다른 영업 주방이 3~4개인 경우는 중규모, 30명 이하의 조리사로 구성된 주방은 소규모로 분류한다. 소규모의 경우 주방장 위주의 주방 조직이 이루어진다.

주방에 의한 분류는 대개 주방의 기능에 의한 분류를 말하며 대규모 주방의 경우 준비 주방(main production kitchen)과 영업 주방(business kitchen)으로 나눌 수 있다.

(1) 준비 주방(main production kitchen)

1) hot kitchen

대규모 주방의 핵심 주방으로서 더운 음식을 만들어 공급하는 주방이다. Roasting, poaching, boiling, blanching, broiling, grilling, steaming, sauteing, deep fat frying 등의 조리법으로 음식을 조리하여 각 영업 주방에서 고객에게 판매할 음식을 시간에 맞추어 공급한다. 또한 요리의 기본이 되는 소스(sauce)와 스톡(stock), 수프(soup), 더운 야채(hot vegetable)를 준비하여 영업 주방(business kitchen)을 지원하는 업무를 담당한다.

2) cold kitchen, pantry, garde-manger

과일이나 냉전채(cold appetizer), 샌드위치(sandwich), 샐러드(salad), 샐러드 드레싱(salad dressing) 등 열을 가하지 않는 음식을 만들어 공급하는 주방으로 그릇에 담은 모양과 색깔의 조화에 비중을 두며 가열하지 않는 음식을 다루므로 주방의 위생과 청결이 매우 중요하다.

3) butcher

육류를 다루는 주방으로 각각의 영업 주방에서 필요한 육류, 어패류, 가금류를 부위와 용도에 따라 모양과 크기를 다르게 조절하여 제공하는 주방이다. 각종의 육류와 어패류를 이용하여 만들 수 있는 어육 가공제품인 소시지(sausage), 어묵, 햄(ham)도 생산하여 제공한다.

4) pastry and bakery kitchen

제과 제빵 주방은 다른 영업 주방과 다른 특성을 지니고 있어 독립된 주방이라고 할 수 있다. 주 업무는 각각의 영업 주방에서 필요한 디저트를 만들고, 연회행사에 필요한 케이크, 쿠키, 파이, 단 과자(petit four), 초콜릿, 빵 등을 만드는데 다른 주방과는 다르게 장소가 확보되어 판매까지 할 수 있다는 이점이 있다.

5) steward

주방에서 사용한 기물과 기기 등의 세척을 담당하는 부서로 세척하여 깨끗해진 기물과 기기를 각각의 영업 주방에 공급해 주는 역할을 한다.

(2) 영업 주방(business kitchen)

1) coffee shop, café

커피숍은 주로 커피(coffee), 차(tea), 주스(juice) 등의 음료를 디저트(dessert) 등과 함께 고객에게 제공하는 곳으로 계절과 절기에 따른 메뉴 개발이 필요하다. 또한 아침 식사 대용이나 브런치(brunch)를 제공할 수 있도록 간단한 조리 설비가 있어야 한다.

2) banquet

연회를 담당하는 주방으로 주로 메인 주방에 속하기도 하는데 더운 요리는 시간과 온도에 영향을 받으므로 직접 운영하고 찬요리와 디저트 등은 메인 주방의 지원을 받는 경우도 있다.

3) section kitchen

전문식당 주방이라 할 수 있는 영업 주방으로 예를 들어 한식, 일식, 양식, 중식, 태국, 이탈리아, 프랑스, 지중해 등 특정 나라의 음식을 전문으로 요리하여 판매하는 곳이다.

Chapter 02
계량

1. 의의
2. 계량 단위의 약자
3. 부피
4. 무게
5. 수량
6. 길이
7. 온도

1. 의의

계량이란 재료를 과학적으로 정확히 수치화하는 과정으로, 조리를 하는 데 있어서 가장 중요한 일이다. 정확한 계량으로 인해서 레시피(recipe)가 작성되고 그 조리 방법을 토대로 요리를 생산할 수 있다.

계량에 있어서 계량의 단위는 물론 식재료의 종류와 형태에 따라 다른 계량 방법과 계량 기구의 명칭을 숙지하여 계량하는 데 불편함이 없도록 해야 한다. 보편적으로 계량은 부피와 무게, 수량, 길이로 나타내고 있다.

2. 계량 단위의 약자(abbreviation of measuring units)

temperature	℉(fahrenheit)	temperature	℃(celsius)
cup	C	quart	qt
gallon	gal	liter	L
ounce	oz.	pound	lb(lbs)
pint	pt	bunch	bch
gram	g	kilogram	kg
tablespoon	T.s(Tbsp)	teaspoon	t.s(tsp)

3. 부피(volume)

부피란 물체가 공간을 차지하는 크기를 나타내는 것으로 조리에서 부피를 계량할 때는 일반적으로 계량컵(measuring cup), 계량스푼(measuring spoon), 쿼트(quart), 갤런(gallon), 리터(liter), 밀리리터(milliliter) 등으로 나타낸다.

1teaspoon			4.93mL	5mL(rounded)
1tablespoon	3teaspoons		14.79mL	15mL(rounded)
1cup	16tablespoons	8fl. oz.	236.59mL	240mL(rounded)
1pint	2cups	16fl. oz.	473.18mL	480mL(rounded)
1quart	4cups	32fl. oz.	946.36mL	950mL(rounded)
1gallon	4quarts	128fl. oz.	3.8L	3.8L(rounded)

부피는 식품의 형태에 따라 계량된 양에 조금씩 차이가 있다.

	liquid measures	dry measures
1cup	16T.s	12T.s
3/4cup	12T.s	9T.s
1/2cup	8T.s	6T.s
1/3cup	5T.s + 1t.s	4T.s
1/4cup	5T.s	3T.s
1T.s	3t.s	3t.s

4. 무게(weight)

무게란 물체의 질량 또는 무게를 뜻하는 것으로 무게의 단위를 캐나다와 영국에서는 온스(ounce, oz.)와 파운드(pound)를 사용하고 미국은 그램(gram)과 온스(ounce, oz.), 파운드(pound), 톤(ton)을 사용한다.

1oz.		30g(rounded)
4oz.		120g(rounded)
8oz.		225g(rounded)
16oz.	1lb	450g(rounded)
32oz.	2lb	900g(rounded)
36oz.	$2\frac{1}{4}$lb	1000g(rounded)

실례) 우동 국물을 만들기 위해 청주 180mL, 간장 24oz., 가츠오부시 15oz., 다시다 30oz., 미림 34oz., 대파 30g, 물 7gal을 준비하였다. 그렇다면 1qt 용량의 용기는 몇 개가 필요한가? 또 5gal 통에 옮겨 담으려면 몇 개가 필요한가?

표 1 주요 조미료의 무게(g)

분량 / 식품명	1t.s	1T.s	1C
물, 식초, 술	5	15	200
간장, 미림	6	18	230
설탕	3	9	110
소금	5	15	210
버터, 기름	4	13	180
마요네즈	5	14	190
토마토케첩	6	18	240
토마토 퓌레	5	16	210
밀가루	3	8	100
갈분	2	7	90
겨자	2	6	–
빵가루	1	3	40
생크림	5	15	200
깨	4	9	120

5. 수량(quantity)

수량이란 물건의 개수를 세거나 1인분의 분량으로, 수량으로 식재료의 크기나 무게를 표기하기도 한다. 단위로는 each의 약자인 EA로 표시한다.

6. 길이(length)

길이의 단위는 센티미터(cm), 인치(inch), 미터(meter) 등을 사용한다.

7. 온도(temperature)

온도를 측정하는 두 가지 방법 중 하나는 체온계처럼 글라스 튜브 안에 수은 기둥을 넣은 온도계를 사용하여 측정하는 것이고, 다른 하나는 stem-type의 온도계를 사용하는데 온도를 화살표로 표시하거나 디지털(digital)로 표시한다. 단위는 섭씨(℃)와 화씨(℉)를 사용하는데 화씨(fahrenheit)의 온도 범위는 빙점이 32℉이고 끓는점은 212℉이다. 그 범위의 차를 계산하면 180이며 이것을 섭씨로 환산하기 위해 100으로 나누어 주면 1.8이 나오므로 아래와 같은 공식을 사용한다.

$$℉ = ℃ \times \frac{180}{100} + 32$$

$$℃ = (℉ - 32) \times \frac{100}{180}$$

표 2 화씨, 섭씨 온도 전환표

화씨(℉)	섭씨(℃)
32	0
212	100
275	140
300	150
325	170
350	175
375	190
400	200
425	220
450	230
475	245
500	260

(1) 온도계의 종류

1) dairy thermometer

유제품인 요구르트, 치즈, 우유 등을 만들 때 사용하는 온도계로 -12~110℃까지 측정할 수 있다.

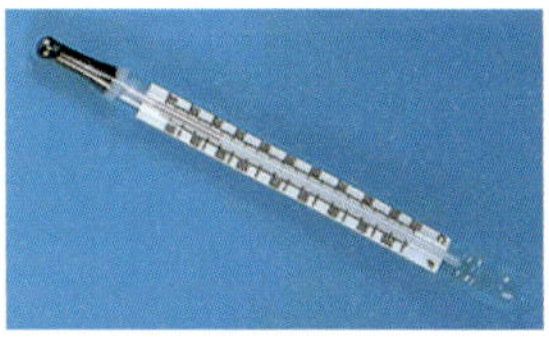

2) density thermometer

설탕 시럽 또는 간수의 온도를 체크할 때 사용하는 온도계로 간수의 온도를 측정하는 온도계는 salimeter라고 하고, 설탕 시럽의 온도 측정에 사용하는 온도계는 saccharo-meter라고 한다.

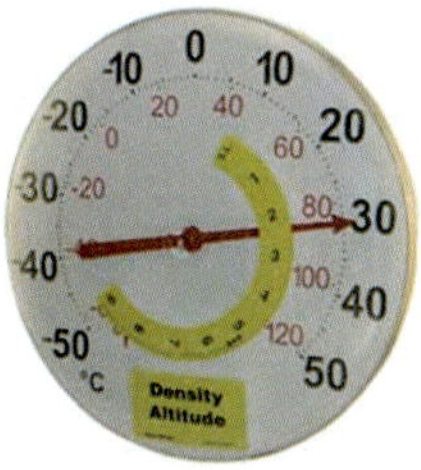

3) freezer thermometer

냉동고와 냉장고에 부착하여 내부의 온도를 측정하는 온도계로 냉장 온도는 4~5℃, 냉동온도 -40~0℃이며 급속냉동 온도는 -30~-40℃이다.

4) instant-read thermometer

식품의 내부 온도를 측정하는 데 사용하며 stem을 꽂으면 온도를 읽을 수 있도록 되어 있다.

5) internal thermometer(quick-read thermometer)

Stem-type으로 instant-read thermometer보다 좀 더 정확하게 온도를 표시할 수 있으며 범위는 -18~104℃까지 측정할 수 있다.

6) meat thermometer

Stem을 꽂아 육류 내부의 온도를 측정할 수 있는 온도계로 육류 조리 시 고기의 익은 정도를 측정하게 되므로 정확한 조리를 할 수 있다.

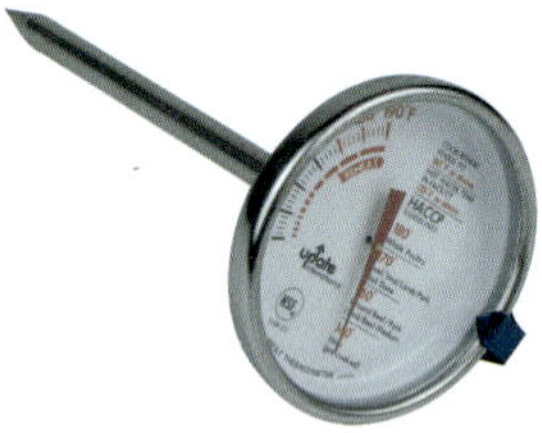

7) oven thermometer

오븐의 자동 온도조절장치의 정확성을 테스트하기 위한 온도계로 260℃까지 측정할 수 있어야 한다.

Chapter 03

조리용 기기 및 소도구

1. 조리용 기기
2. 조리용 소도구

외식 관련 산업과 기술의 발달로 더욱 빠르고 합리적인 조리업무를 수행할 수 있는 조리용 기기 및 설비의 개발이 날로 발전하고 있다. 조리업무는 인간의 손에 의해 이루어지는 특성을 지니고 있지만 여러 가지 기기와 소도구들을 사용하면 작업 능률을 올리고 경비도 절약할 수 있다. 조리 설비는 크게 조리 기기와 기물 또는 소도구로 나눌 수 있다.

1. 조리용 기기(cooking equipments)

(1) 기본 설비

1) work table

웍 테이블은 작업대 또는 조리대이다.

2) sink

싱크는 세정대로 기물과 식재료를 세척하기 위한 것이며 내부 공간이 깊어야 바닥으로 물이 넘치는 것을 방지할 수 있다.

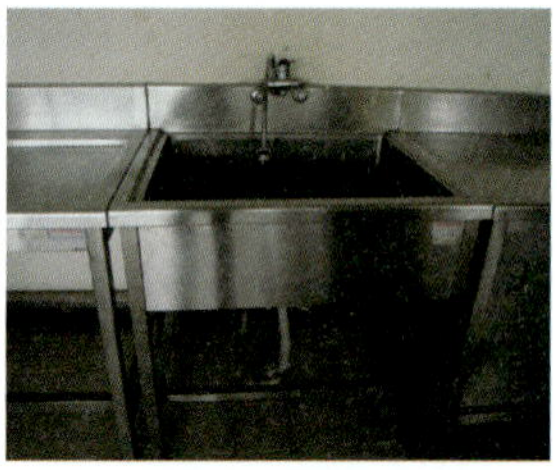

3) dish washer

디쉬 워셔는 접시나 크기가 작은 조리용 기물 또는 소도구를 뜨거운 물과 약품을 이용해 세척하는 식기세척기이다.

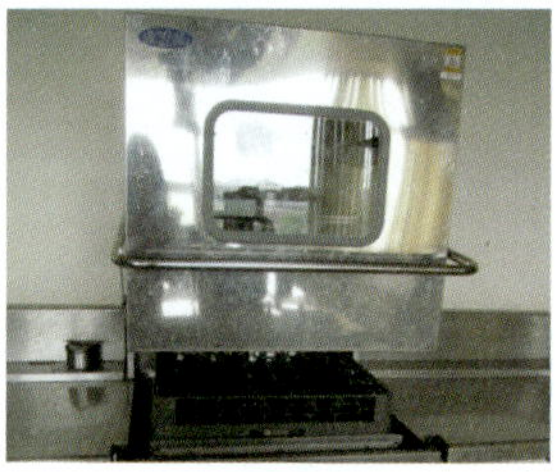

4) waste disposer

웨이스트 디스포저는 sink에 장착하여 음식물 쓰레기를 분쇄하고 탈수와 건조의 과정을 거쳐 그 양을 줄일 수 있는 처리기이다.

5) smoke machine

스모크 머신은 소시지, 햄 등 가공육을 훈제하는 기기로 온도계가 장착되어 있다.

6) vacuum packing machine

베큠 패킹 머신은 진공포장 기기로 재료를 포장 비닐에 넣어 그 안의 공기를 제거하여 신선도를 유지할 수 있도록 하는 기기이다.

(2) 가열용 기기

1) oven

오븐은 밀폐된 공간에서 베이킹(baking)과 로스팅(roasting) 등의 방법으로 재료를 익히기 위해 사용하는 기기이다. 조리하는 방법에 따라 그 종류가 나누어진다.

① deck oven

데크 오븐은 바닥과 윗면에 열선이 있으며 전기 또는 가스를 이용해 가열된 건열의 대류 작용에 의해 밀폐된 내부가 뜨거워지는 원리를 이용한 오븐이다. 데크 오븐은 넓고 높지 않기 때문에 위에 또 다른 데크 오븐을 올릴 수 있는 장점을 가지고 있다.

② convection oven

컨벡션 오븐은 오븐 안에 팬(fan)을 가지고 있어 가열된 건열이 균일하게 밀폐된 내부로 퍼져 나가 재료를 익히는 방법으로 대류식 오븐이라고도 한다. 짧은 시간 안에 재료를 익힐 수 있으나 수분의 증발이 많다.

③ conveyer oven

컨베이어 오븐은 뜨거운 열원에서 나온 공기가 위아래로 이동하여 재료를 익히는, 공기역학적인 원리를 이용한 오븐으로 빠르게, 태우지 않고 익힐 수 있다. 가스와 적외선, 전기를 열원으로 사용한다.

컨베이어 토스터 오븐(conveyer toaster oven)은 오븐 안의 회전판이 가열되는 동안 계속 회전하는 로터리(rotary) 방식에 의해 재료를 일정하게 굽는 오븐이다. 연속적으로 재료를 교체할 수 있어 많은 양을 구울 수 있으므로 breakfast buffet와 café에서 많이 사용한다.

rotary oven

conveyer oven

④ microwave oven

마이크로웨이브 오븐은 전자렌지라고 하며 마이크로웨이브파가 재료 내부에 있는 수분을 진동시켜 열을 발생하게 함으로써 재료를 익히는 방법을 이용한 오븐이다. 어떤 가열 도구보다 익히는 시간을 절약할 수 있으나 조리 중 수분 증발로 인해 내용물이 건조해지므로 뚜껑이나 랩을 씌워야 하고 도자기, 내열용기 등 전자렌지에 가능한 용기를 사용하여야 한다.

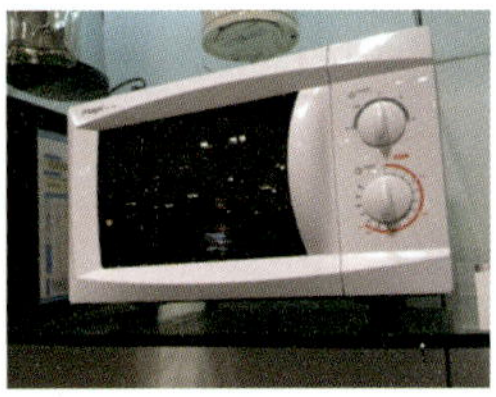
microwave oven

low range &
stock pot

2) range

레인지는 직접가열방식의 조리 기기로 가스와 전기를 사용한다. 빠르게 조리할 수 있는 장점이 있으며 버너의 내장 형태에 따라 개방형(open burners)과 폐쇄형(flat top)으로 나눌 수 있다. 크기가 작은 것은 작업대 위에 장착하여 사용한다. 대량의 육수를 끓일 때 편리하게 사용할 수 있는 낮은 레인지(low range)도 있다.

인덕션 레인지(induction range)는 레인지 안에 가열 코일이 내장되어 있어 코일에 전해지는 교류전류를 통해 자력선이 생기는 원리로 자력선 중심에 철이 함유된 용기를 올리면 용기 바닥과 철 성분이 서로 반응하여 열을 발생시킨다. 간접가열방식의 원리이나 직접가열방식 조리 기기보다 안전하고 경제적이다.

차이니스 레인지(Chinese range)는 중화 레인지라고도 하며 송풍기에 의해 많은 양의 가스가 나와 화력이 강력하므로 중식주방에서 사용한다.

range

induction range

Chinese range

3) grill

그릴은 바비큐(barbecue)와 스테이크(steak) 등 육류요리에 많이 사용하는데 열선이 아랫부분에 있어 열이 아래에서 위로 올라가는 상향식 조리 기기이다. 구멍이 뚫린 무쇠 석쇠나 홈이 파인 무쇠로 되어 있어 육류에 격자무늬의 모양을 낼 수 있으며 열원은 전기, 가스, 숯 등을 이용한다.

4) panini grill

파니니 그릴은 샌드위치 컨택트 그릴(sandwich contact grill)이라고도 하며 뚜껑과 밑판이 있고 두 면에 그릴 마크가 새겨져 있다. 얇은 재료에서 두꺼운 재료까지 다 사용할 수 있다.

5) griddle

그리들은 10mm 정도의 두꺼운 철판으로 만들며 아래에서 올라오는 열로 달궈진 철판에 육류, 가금류, 어류, 달걀 등을 요리한다. 가스와 전기를 열원으로 이용한다.

6) broiler

브로일러는 살라만더와 같은 방법으로 열이 위에서 아래로 내려오는 하향식 조리 기기로 열원은 밀폐되어 있다. 생선, 육류, 가금류 등을 조리할 수 있다.

7) salamander broiler

살라만더 브로일러는 열선이 오픈된 상태로 윗부분에 있어 열이 위에서 아래로 내려오는 하향식 조리 기기로, gratin과 같이 재료의 표면에 색을 내거나 윗부분을 익힐 때 주로 사용한다.

8) deep fryer

딥 프라이어는 두 개의 바스켓(basket)과 온도조절기, 타이머를 가지고 있는 튀김기로 재료를 바스켓 안에 넣어 동일하게 튀길 수 있다. 오토메틱 컨베이어 프라이어(automatic conveyor fryer)는 자동 튀김기, 또는 연속 튀김기라고도 하는데 컨베이어 벨트에 담긴 재료가 연속적으로 기름을 통과하므로 균일하게 많은 양을 튀길 수 있는 장점이 있다.

9) rice cooker, steam cooker

라이스 쿠커 또는 스팀 쿠커는 고압의 증기로 많은 양의 찜을 하거나 밥을 할 때 사용되는 기기로 고압과 고열을 이용하므로 사용 시 주의하여야 한다.

10) steam kettle

스팀 케틀은 커다란 솥 모양의 기기로 고압, 고열의 스팀을 이용하여 국이나 수프 등을 조리할 때 사용하며 핸들이 부착되어 있어 상하로 조절이 가능하다.

(3) 절단용 기기

1) saw machine

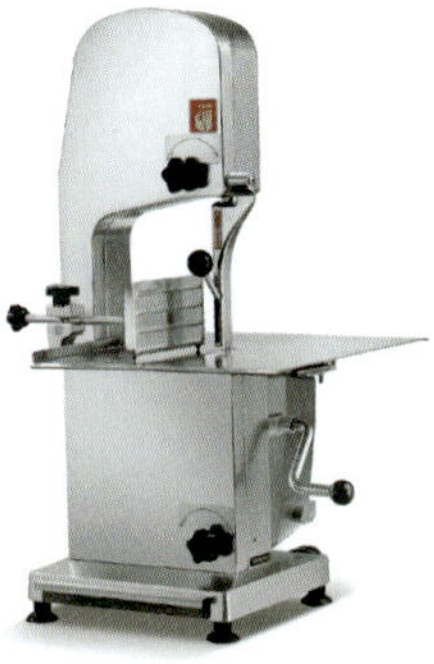

쏘 머신은 냉동 고기나 뼈가 있는 육류, 단단한 재료를 자를 때 사용하는 기기로, 날카로운 톱니가 작동하므로 안전에 주의해야 한다.

2) slice machine

슬라이스 머신은 육절기라고 하며 치즈나 채소, 고기 등을 일정한 두께로 조절하여 슬라이스할 수 있다.

3) vegetable cutter

베지터블 커터는 많은 양의 채소를 짧은 시간 안에 절단하는 기기로 여러 모양의 칼날을 가지고 있다.

4) food processor

푸드 프로세서는 소량의 재료를 잘게 다지거나 갈 때 사용하는 기기이다.

5) robot coupe

로보 쿱은 분쇄기로 수프나 퓌레를 만들기 위해 스톡과 함께 끓인 재료를 곱게 분쇄할 때 사용한다.

6) meat mincer

미트 민서는 고기를 대량으로 곱게 다지거나 으깰 때 사용하는 기기이다.

7) bread slicer

브레드 슬라이서는 식빵이나 바게트를 일정한 크기로 슬라이스하는 기기이다.

(4) 혼합용 기기

1) blender

블렌더는 전기를 이용한 믹서로 재료를 혼합하거나 다질 때, 또는 주스(juice)를 만들 때 사용하는 기기이며 미생물의 번식을 주의하고 위생적으로 관리해야 한다.

2) table mixer

테이블 믹서는 소량의 재료를 섞거나 거품을 낼 때 사용하는 기기이며 1회 사용분량은 최대 5~6qt이다.

3) stand mixer

스탠드 믹서는 반죽기로 대량의 재료를 혼합할 때 사용한다.

(5) 성형용 기기

1) hamburger press

햄버거 프레스는 고기를 갈아 1인분의 햄버거를 만들 때(portioning) 사용하는 기기로 주로 육류주방(butcher)에서 많이 사용한다.

2) dough sheeting machine

도우 시팅 머신은 반죽을 일정한 두께의 시트(sheet)로 밀어 주는 기기이다. 넓이는 50~60cm 정도로 일정한 속도와 두께로 반죽을 접어 주고 밀어 준다. 주로 페이스트리(pastry) 반죽을 만들 때 사용하며 양쪽의 날개를 접을 수 있어 보관이 용이하다.

3) proof box

프루프 박스는 발효기로 건열과 습도를 이용하여 이스트 반죽을 발효시키는 기기이다. 여러 개의 팬을 넣을 수 있는 랙(rack)이 설치되어 있다.

4) pasta machine

파스타 머신은 스파게티 등 생면(fresh noodles)을 만들 수 있는 기기로 반죽을 넣어 다양한 모양으로 만들 수 있다.

5) waffle machine

와플 머신은 요철 모양의 두 개의 철판 사이에 반죽을 넣어 익히는 방법으로 타이머(timer)가 작동하도록 되어 있다.

(6) 냉장 · 냉각용 기기

1) refrigerator

1~5℃의 온도를 유지하여 재료를 신선하게 유지시키는 기기로 냉장고와 냉동고가 붙어 있는 것도 있다. 많은 양의 식재료는 'walk in' 이라는 창고형의 냉장고를 만들어 보관한다.

2) tan case, sushi show case

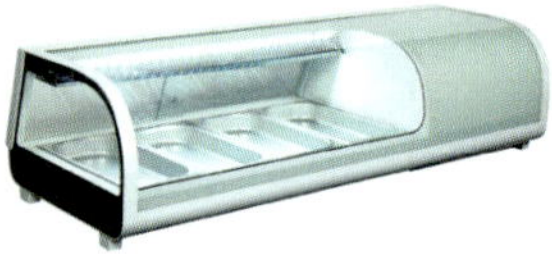

탱 케이스는 일식당 스시 카운터의 생선이나, 생선회를 냉장 보관하고 진열하는 쇼 케이스로 앞면은 반원형의 유리면이고 뒷면은 미닫이문으로 되어 있다.

3) show case

쇼 케이스는 과일이나 디저트 등을 진열하여 판매할 때 제품의 상태를 신선하게 하기 위해 냉장 시설이 되어 있는 케이스로 제과점에서 많이 사용한다.

4) sandwich table

샌드위치 테이블은 테이블 앞쪽에 샌드위치를 만들 수 있는 공간을 가지고 있고 식재료를 쉽게 꺼내고 보관할 수 있게 되어 있는 냉장 시설이다.

5) bottle cooler

바틀 쿨러는 음료수와 캔 등을 냉장 저장하는 기기로 바(bar)에서 주로 사용한다.

6) ice crusher

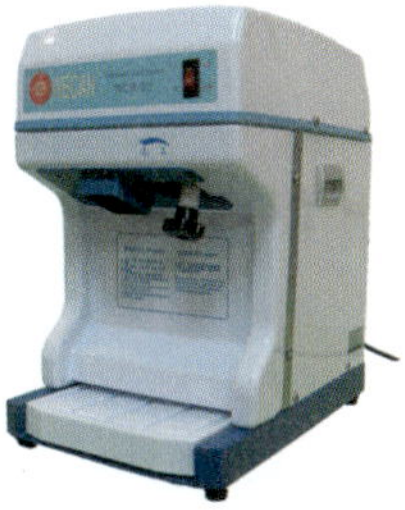

아이스 크러셔는 빙삭기라고 하며 얼음을 잘게 부수어 주는 기기이다.

7) ice cube maker

아이스 큐브 메이커는 제빙기라고 하며 사각(cube) 모양의 얼음을 만드는 기기로 수랭식과 공랭식의 두 가지 방법을 사용한다.

8) milk shaker

밀크 셰이커는 우유 또는 우유 혼합물을 넣어 셰이크(shake)를 만드는 기기로 미생물의 번식을 조심해야 하며 위생 관리에 철저해야 한다.

9) juice dispenser

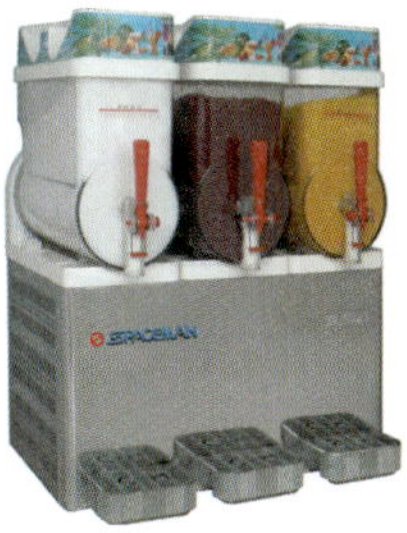

주스 디스펜서는 주스나 음료를 종류별로 차갑게 보관하고 제공할 수 있는 기기로 상하로 내용물을 계속 회전시켜 내용물이 잘 혼합될 수 있도록 되어 있다.

(7) 보온용 기기

1) cup warmer

컵 워머는 커피잔 등 컵을 따뜻하게 보온, 보관할 수 있는 기기이다.

2) dish warmer

디쉬 워머는 많은 양의 접시를 따뜻하게 보온, 보관할 수 있는 기기로 약 200개 정도의 접시를 담을 수 있다.

(8) 이동용 기기

1) banquet trolley

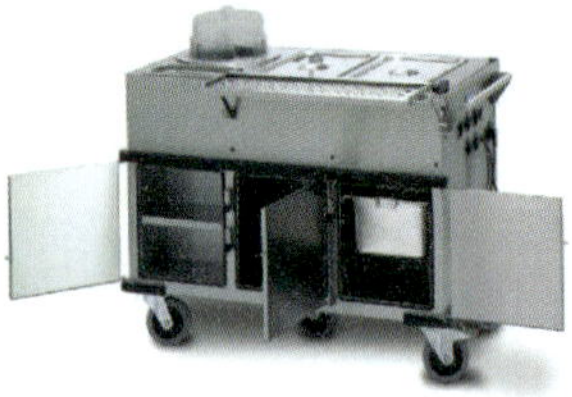

벵킷 트롤리는 연회 등에 많은 양의 음식을 안전하게 담아 이동할 수 있도록 만든 기기로 냉·온장치가 장착되어 있는 것은 히터블 트롤리(heatable trolley)라고도 한다.

2) kitchen wagon

키친 웨건은 주방에서 재료나 기구 등을 운반할 때 사용하는 기기로 바퀴가 달려 있다.

3) baggage trolley

베게지 트롤리는 무거운 재료와 도구를 운반하는 기기로 바퀴가 달려 있다.

(9) 소독용 기기

1) sterilizer

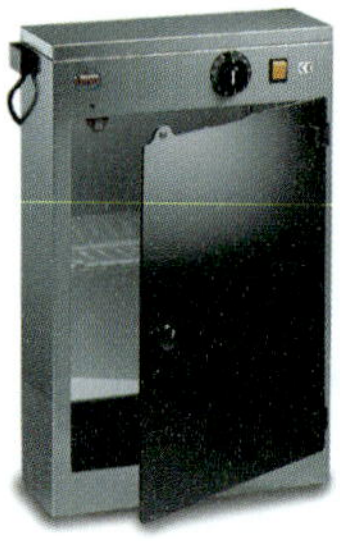

스테럴라이저는 식기류를 뜨거운 바람을 이용해 소독 보관하는 기기이다.

2) cutting board sterilizer

커팅 보드 스테릴라이저는 밀폐된 공간에 도마를 넣어 소독할 수 있는 기기이다.

2. 조리용 소도구(cooking utensils)

(1) 칼(knives)

칼은 조리업무에 있어서 가장 중요한 도구로 그 종류도 매우 다양하여 각 업무에 적합한 칼을 선별하여 사용하여야 한다. 능률을 높이기 위하여 잘 갈아서 사용하여야 하고 보관에도 주의하여 사고가 나지 않도록 한다.

칼의 구조는 손잡이(handle), 칼 받침(bolster), 칼날(cutting edge), 칼등(spine), 칼끝(tip)으로 되어 있다. 손잡이에 칼날을 잘 고정시킬 수 있는 못이 있어야 좋은 칼이다.

중식용 칼처럼 칼의 옆 면적이 클수록 손을 다칠 위험이 적으며 반대로 좁고 긴 일식 칼은 칼날이 재료를 잡은 손 쪽으로 파고들 수 있어 더 주의해 사용해야 한다. 날의 각도도 영향을 미친다. 한쪽이 직각인 일식 칼보다, 양면이 모두 5~7° 각도인 칼이 좀 더 편하다.

칼날의 길이는 20cm 크기가 적당하다. 앞날이 뭉툭하면 오히려 날이 손상되기 쉬우므로 뾰족하게 뻗은 것이 좋다. 칼을 고를 때는 칼날과 손잡이가 일체형인 것이 좋은데 칼날과 손잡이의 틈새는 세균 서식처로 일체형은 이 부분의 세척이 쉬워 위생적이다. 칼은 가벼운 것보다 무게감이 있어야 오래 사용해도 손목에 무리가 없으며 재료를 가지런하게 썰 수 있는 장점이 있다.

사용한 칼은 중성세제로 세척해 물기를 닦아서 랙(rack)에 보관하는데 넣고 빼는 과정에서 칼의 마모를 줄일 수 있는 나무로 만든 랙이 좋다.

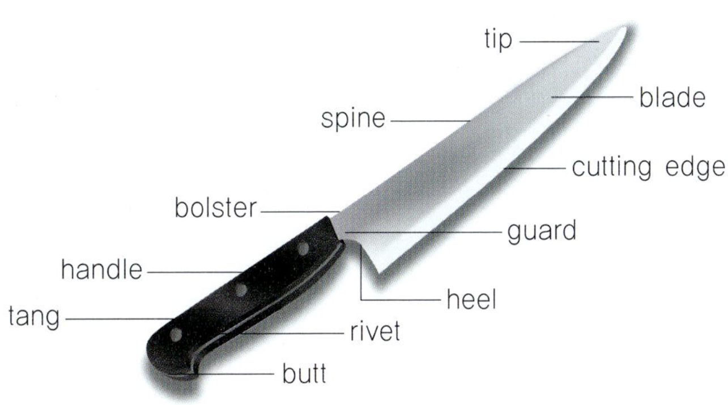

[그림 7] 칼의 구조와 명칭

1) boning knife

보닝 나이프는 뼈칼, 뼈 바름 칼, 발골칼이라고 하는데 육류의 뼈에서 살을 분리할 때 사용하거나 갈비를 다듬을 때 쓰는 칼이다. 강한 날을 가지고 있으며 칼날의 길이는 6inch(약 16cm) 정도이다. 기름기가 많이 묻어도 미끄러지지 않도록 제품에 따라 손잡이에 미끄럼 방지 처리가 되어 있는 것도 있으며 미끄럼 방지용 장갑도 착용한다.

2) bread knife

브레드 나이프는 단단한 빵을 자를 때 사용하며 칼날의 길이는 약 20cm이고 톱니 모양으로 되어 있다. 빵을 제외한 음식을 썰거나 갈지 않아야 한다.

3) butcher knife

부쳐 나이프는 육류를 자를 때 사용하는 칼이다.

4) carving knife

카빙 나이프는 덩어리로 요리된 육류를 1인분씩 자를 때 사용하는 칼이다.

5) chef's knife, cook's knife

프렌치 나이프라고도 하며 우리나라에서는 식도라고 한다. 칼날의 길이가 8~14inch(20~35cm) 정도 되는 다용도 칼(all-purpose knife)이다.

6) cheese knife

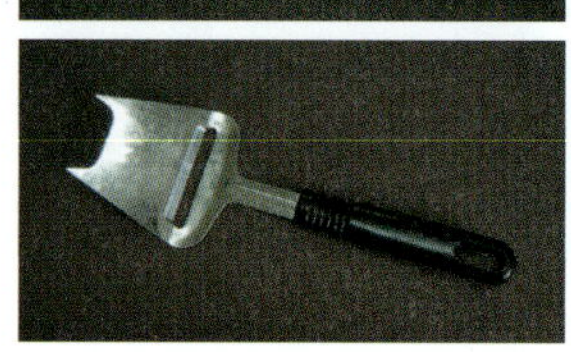

치즈를 자를 때 사용하는 칼이다.

7) cleaver

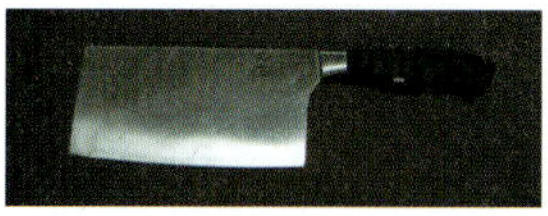

클리버는 중국요리에 사용하는 칼로 칼날이 넓고 직사각형으로 되어 있다.

8) fillet knife

필레 나이프는 어류나 육류의 포(fillet)를 뜨는 칼로 boning knife와 형태는 비슷하나 칼날이 얇고 잘 휘어진다.

9) paring knife

페어링 나이프는 칼날이 짧고 가벼우며 과일과 채소를 다듬을 때 사용한다. 칼날의 길이는 2~4inch(5~10cm)이다.

10) slicer

슬라이서는 식도에 비해 칼 옆 면적이 좁고 길어 일식 칼과 비슷하다. 칼날의 두께가 얇아 세심한 칼질이 가능하며 절삭력 또한 좋아 덩어리로 조리된 육류나 당근, 오이 등의 모양을 낼 때 사용하면 좋다. 칼날은 잘 휘어지거나 단단한 2종류가 있고 칼끝에 톱니가 있는 것도 있다.

11) steel

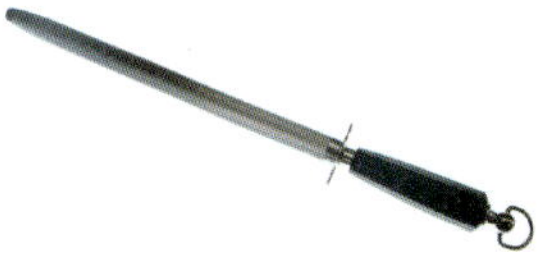

긴 봉 형태의 스틸은 칼날을 가는 도구이다. 칼을 쓰기 전에 항상 스틸로 3~5회 정도 날을 갈아 준다. 스틸 손잡이를 왼손에 쥐고 봉의 방향이 아래로 가게 한 뒤 칼을 오른손에 쥐고 가볍게 면대로 긁어 주듯 사용하면 된다.

12) tournée knife, bird's beak knife

토네 나이프라고도 하고 버즈 빅 나이프라고도 하며 칼날이 곡선을 그리고 있어 채소를 다듬을 때(paring), 껍질을 벗길 때(peeling) 주로 사용한다.

(2) 각종 소도구

1) apple divider

애플 디바이더는 과일의 씨앗이나 가운데 심을 제거할 때 사용하는 도구이며 사용 방법은 과일 윗부분에 올려놓고 눌러 주면 된다.

2) asparagus steamer

아스파라거스 스티머는 폭이 깊으며 구멍이 뚫려 있는 이중 냄비로 아스파라거스를 똑바로 세워 수증기를 이용해 익힐 수 있다.

3) bain-marie, water bath, double boiler

뱅마리 또는 워터베스, 더블 보일러는 중탕용 기구로 초콜릿을 중탕으로 녹이거나 음식의 온도를 유지하기 위해 사용한다.

4) bar spoon, mixing spoon

바 스푼, 믹싱 스푼은 음료를 혼합할 때 사용하는 스푼으로 길이가 길며 한쪽은 포크로 되어 있다.

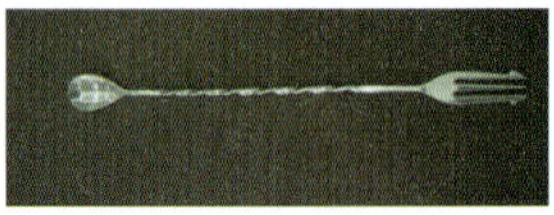

5) boiling pan

음식을 끓일 때 사용하는 냄비이다.

6) braising pan

브레이징 팬은 직경이 넓고 높이가 낮으며 뚜껑이 있는 냄비로 가금류 등을 통으로 요리할 때 사용한다.

7) cake comb

케이크 콤은 평평하고 얇은 형태의 삼각형 또는 사각형으로 재질은 플라스틱이나 스테인리스 스틸이며 각 면마다 크기가 다른 톱니가 있어 아이싱(icing)에 사용한다.

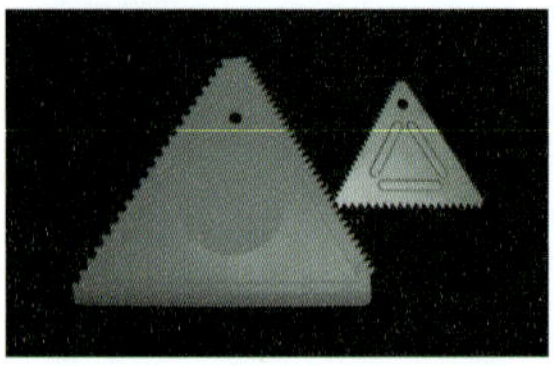

8) cake knife

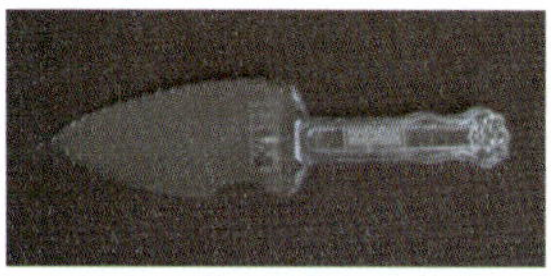

케이크 나이프는 납작하고 넓으면서 끝 부분이 뾰족한 칼로 한 면에 톱니가 있어 파이나 케이크를 자르고 서브할 때도 사용한다. Cake server와 비슷하나 cake server에는 톱니가 없다.

9) cake pan

케이크 반죽을 담을 수 있는 여러 가지 모양과 크기의 팬이다.

10) cake stand

케이크 스탠드는 케이크를 이단 이상으로 올릴 때 사용하는 스탠드이다.

11) cake tongs

케이크 텅은 가위처럼 생겼으나 날의 끝이 납작하게 생겨 케이크를 집을 때 편리하다.

12) caviar cooler

캐비어 쿨러는 얼음을 이용해 철갑상어 알을 차갑게 담을 수 있는 그릇이다.

13) coaster

나무나 유리, 실리콘 등의 다양한 재질로 만드는 컵 받침으로 맥주, 또는 음료를 제공할 때 saucer 대신에 사용한다.

14) chafing dish

채핑 디쉬는 뷔페나 연회장에서 고체연료를 이용하여 음식을 따뜻하게 보관할 때 사용하는 기물이다.

15) channel knife

채널 나이프는 오이나 호박 등 질감이 부드러운 채소나 묵을 물결 모양으로 썰 때 사용한다.

16) cheese grater

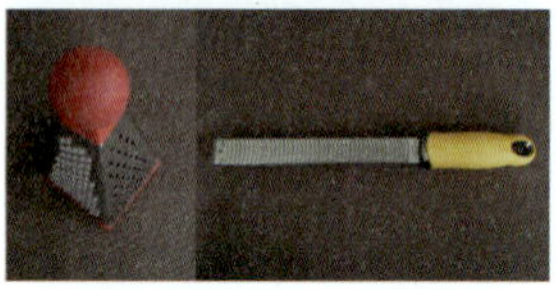

치즈 그레이터는 파르메잔 치즈와 같이 경질 치즈(hard cheese)를 갈 때 사용하는 강판이다.

17) cheese wire

치즈 와이어는 덩어리 치즈를 자를 때 사용하는 기물로 얇은 철사로 만들어졌고 끝에 손잡이가 있다.

18) chinois, China cap

쉬누아, 또는 차이니스 캡은 고깔 모양의 작은 구멍이 뚫려 있는 체로 소스나 stock 등을 거를 때 사용한다.

19) colander

구멍이 뚫려 있는 bowl로 바닥에 굽이 있어 파스타와 데친 채소 등의 물기를 제거하기가 용이하다.

20) corn holder

두 개를 한 쌍으로 조리한 옥수수의 양 끝에 꽂아 사용한다.

21) corkscrew

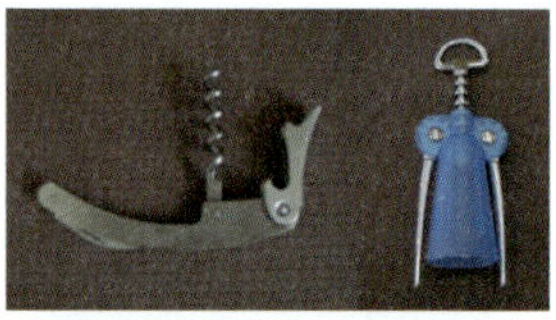

코르크스크류는 와인병의 코르크를 제거할 때 사용하는 도구이다.

22) creamer & sugar pot

크리머는 커피나 차에 첨가하는 액상용 크림 또는 우유를 담아내는 용기이다.

23) custard cup, ramekin

커스터드 컵은 도자기 재질로 높이는 5cm 정도이고 손잡이가 없으며 용량은 4~5oz.로 수플레나 푸딩 등을 만들 때 사용한다.

24) dough cutter, dough scraper

도우 커터는 도우 스크렙퍼라고도 하며 스테인리스 스틸 재질로 얇고 납작한 모양의 사각형이다. 손잡이가 있어 반죽을 분할할 때, 또는 작업대에 남아 있는 반죽을 제거할 때 사용한다.

25) dough divider

도우 디바이더는 작은 톱니바퀴가 5~6개 달려 있고 그 톱니바퀴를 연결해 주며 일정한 거리를 유지할 수 있는 틀에 연결되어 있어 반죽을 동시에 같은 크기로 분할할 수 있다.

26) egg cup, egg stand

에그 컵은 아침 식사용 삶은 달걀을 담는 도구이다.

27) egg slicer

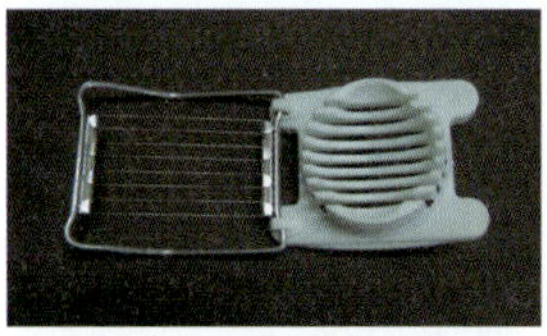

에그 슬라이서는 삶은 달걀을 같은 크기로 잘라 주는 도구이다.

28) fish bone picker

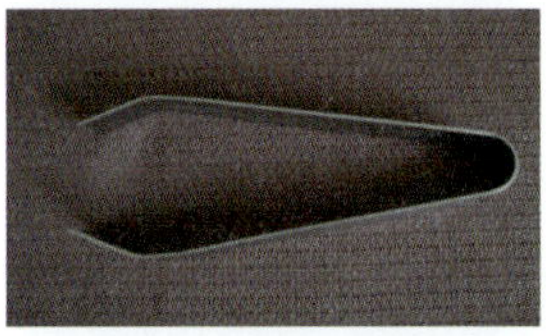

피시 본 피커는 생선에 있는 가시를 제거할 때 사용하는 도구로 주로 연어의 가시를 제거할 때 많이 사용한다.

29) flour scoop

플라우어 스쿱은 밀가루를 퍼서 담을 때 사용하는 도구이다.

30) fondue set

스위스의 대표적인 요리인 퐁듀를 먹을 때 사용하는 도구로 치즈를 녹일 수 있는 pot와 재료를 찍어 먹을 수 있는 포크의 세트로 이루어져 있다.

31) food mill

푸드 밀은 부드러운 식품을 으깰 때 사용하는 기구로 구멍의 크기가 다른 원반이 여러 개 세트로 있어 용도에 따라 다르게 사용할 수 있다.

32) funnel

퍼넬은 깔때기로 입구가 좁은 용기에 물이나 기름과 같은 액상 물질을 수월하게 담을 수 있다.

33) grater

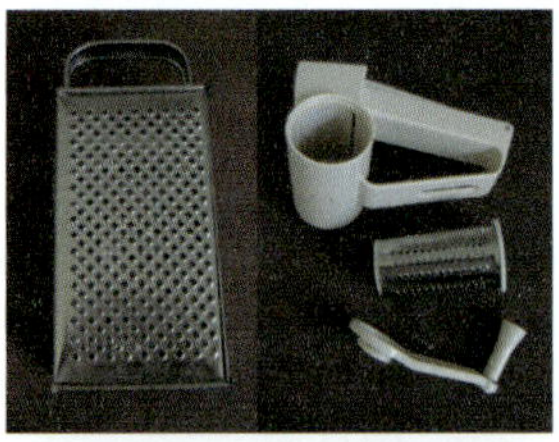

그레이터는 강판으로, 단면으로 된 것도 있지만 사각기둥으로 된 강판은 각 면마다 다른 크기의 구멍이 있어 식품을 다양한 크기로 갈 수 있다.

34) gravy boat, sauce boat

그레이비 보트는 소스를 담는 그릇으로 소스용 국자와 함께 제공한다.

35) garlic press

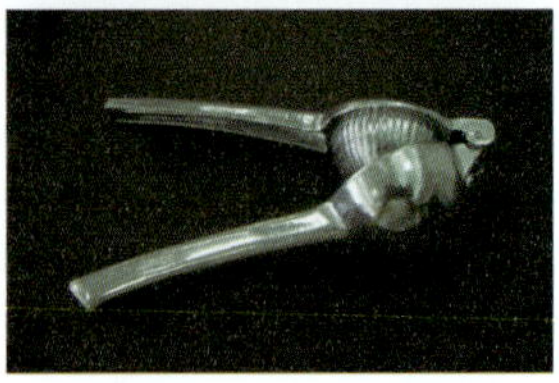

갈릭 프레스는 마늘을 힘으로 눌러 으깨 주는 도구이다.

36) hand shaker

핸드 셰이커는 셰이커라고도 하며 칵테일을 만들 때 각종 재료를 넣고 흔들어 혼합해 주는 기구이다.

37) hotel pan

호텔 팬은 스테인리스 스틸이나 플라스틱으로 만들며 크기가 일정하게 정해져 있어 보관이 용이하고 각종 식재료를 담거나 보관, 저장할 때 사용하는 기물이다.

38) hand blender

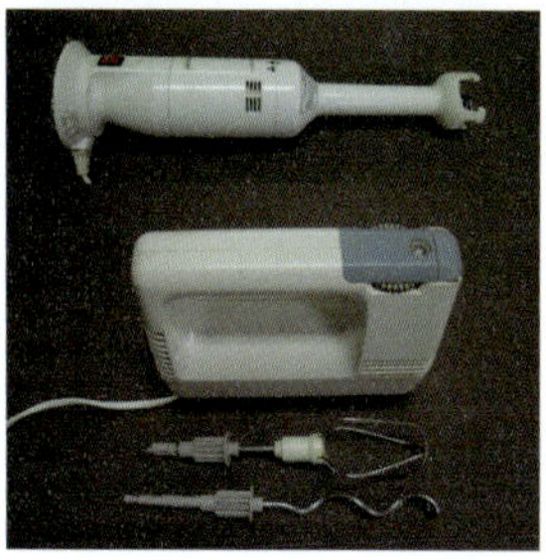

핸드 블렌더는 소스나 수프 등 비교적 적은 양의 식재료를 곱게 갈아 줄 때 사용한다.

39) ice cream bowl

아이스크림 볼, 또는 아이스크림 글라스라고 하며 아이스크림을 담아내는 용기이다.

40) ice cream scoop

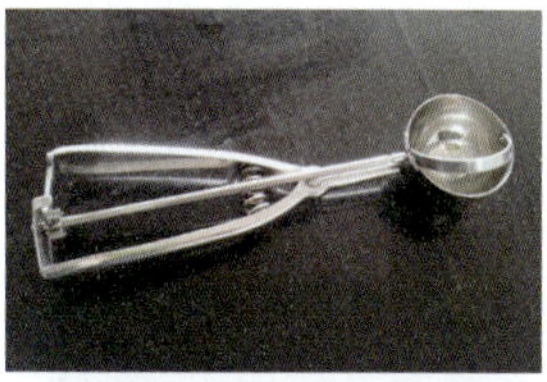

아이스크림 스쿱은 아이스크림을 둥근 모양으로 뜰 때 사용한다.

41) ice pick

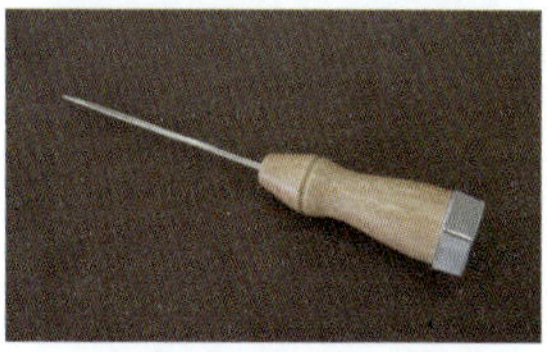

아이스픽은 송곳처럼 생겨 덩어리 얼음을 깰 때 사용한다.

42) ice tongs

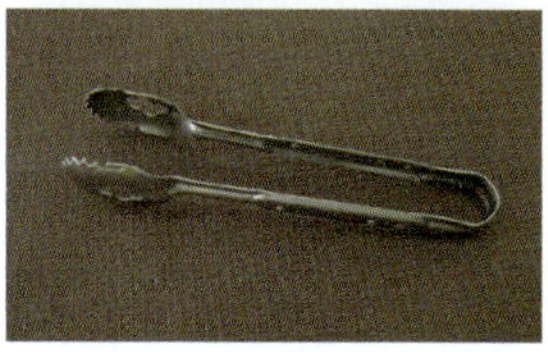

아이스 텅은 끝 부분이 톱니 모양으로 되어 있어 얼음을 집을 때 편리하다.

43) jagging wheel, pastry wheel, pie wheel

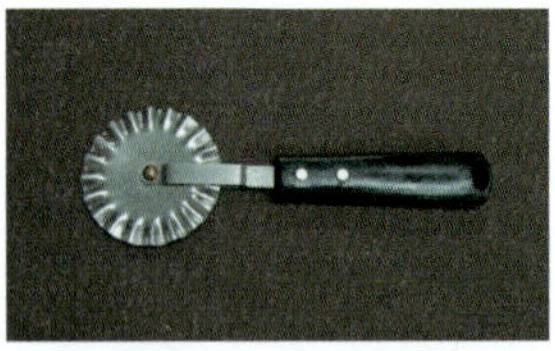

제깅 휠은 손잡이에 톱니로 된 바퀴가 달려 있어 반죽을 자르면 특유의 모양이 나타난다. 파스타나 파이 반죽을 자를 때 사용하면 좋다.

44) jigger

지거는 샷(shot)이라고도 하며 두 개의 삼각형이 위아래로 붙어 있는 모양이다. 칵테일을 만들 때 액체를 계량하는 도구로 30mL, 45mL를 계량할 수 있다.

45) kitchen fork

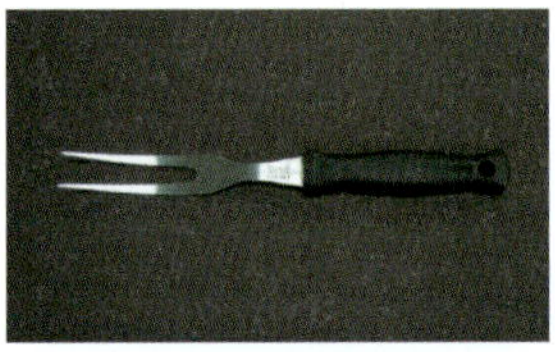

키친 포크는 카빙 포크(carving fork)라고도 하며 조리된 육류의 상태를 점검하거나 옮길 때, 1인분씩 썰어서 제공할 때 덩어리 육류를 고정시키는 역할을 한다.

46) kitchen ladle

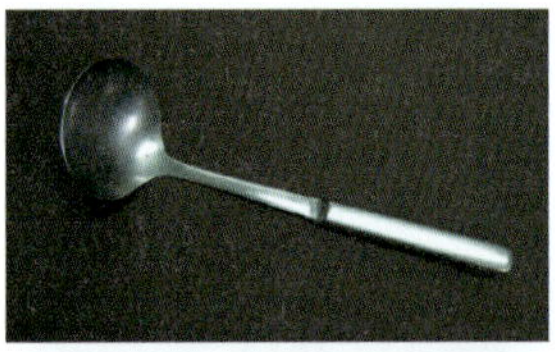

키친 레들은 주방에서 사용하는 국자로, 용량이 정해져 있어 계량컵을 대신해서 사용할 수 있다.

47) lemon squeezer

레몬 스퀴저는 조각낸 레몬 또는 오렌지의 즙을 짜내는 도구로 생선이나 해산물 요리를 제공할 때 사용한다.

48) lobster cracker

랍스터 크래커는 바닷가재의 껍질을 부수어 살을 편리하게 먹기 위해 사용하는 도구로 랍스터의 집게발 모양을 본떠서 만들어진 것이 많다.

49) lobster fork

랍스터 포크는 랍스터 픽(lobster pick)이라고도 하며 바닷가재의 살을 분리할 때 사용하는 길고 가느다란 포크이다.

50) mandoline

만돌린은 만능 채칼이라고도 하며 채소를 얇게 슬라이스하거나 여러 가지 모양으로 썰 때 사용한다.

51) meat hammer, meat tenderizer

미트 해머는 고기를 두드려 부드럽게 하거나 두께를 얇게 한다.

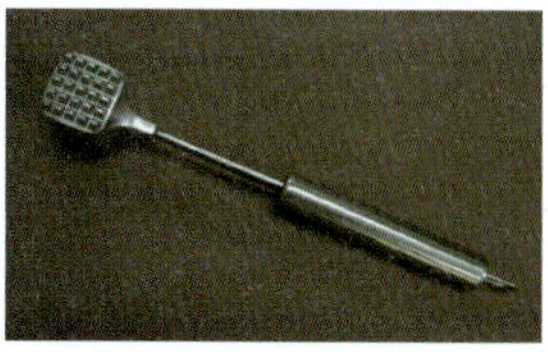

52) mixing bowl

믹싱 볼은 바닥이 둥근 볼로 재료를 혼합하거나 담을 때 사용하는 그릇이다.

53) mold

쿠키를 만들 때, 쿠스쿠스와 같은 탄수화물 음식의 형태를 잡을 때 사용하는 모양틀이다.

54) mortar and pestle

주로 돌이나 나무, 도자기로 만들며 식품을 가는 데 사용한다.

55) nutcracker

넛 크래커는 호두의 단단한 껍질을 깨뜨릴 때 사용하는 도구로 다양한 모양이 있다.

56) nutmeg grater

넛멕 그레이터는 넛멕을 가는 데 사용하는 강판으로 긴 원통형으로 된 것과 평평한 것의 두 가지 종류가 있다.

57) oval au gratin

오발 오 그라탱은 타원형의 접시로 요리를 담고 살라만더 브로일러를 이용해 윗면에 색을 낼 때 사용하는 그릇이다.

58) olive stoner

올리브 스토너는 올리브 씨앗을 제거할 때 사용하는 도구이다.

59) oyster knife

오이스터 나이프는 굴의 껍질을 제거할 때 사용하는 것으로 짧은 칼날을 가지고 있다.

60) oyster fork

오이스터 포크는 굴, 조개 등 껍데기가 있는 요리에 사용하는 포크이다.

61) paella pan

스페인의 대표 요리인 빠에야를 조리할 때 사용하는 팬이다.

62) parisian scoop

멜론 스쿱(melon scoop)이라고도 하며 수박을 화채에 사용하기 위해 둥근 모양으로 만들 때, 또는 채소를 둥근 모양으로 떠낼 때 사용한다.

63) pastry bag, piping bag

페이스트리 백은 베이커리 백(bakery bag), 짜주머니 등 다양한 이름을 가지고 있으며 데코레이션을 위한 크림이나 초콜릿 등을 넣는 주머니이다.

64) pastry tip

페이스트리 팁은 페이스트리 백 아랫부분에 넣어 데코레이션을 할 수 있게 만들어진 금속으로 만든 부품으로 구멍의 크기와 형태가 다양하다.

65) potato ricer

포테이토 라이서는 감자를 힘으로 눌러 으깨는 도구로 mashed potato를 만들 때 필요하다.

66) pasta fork

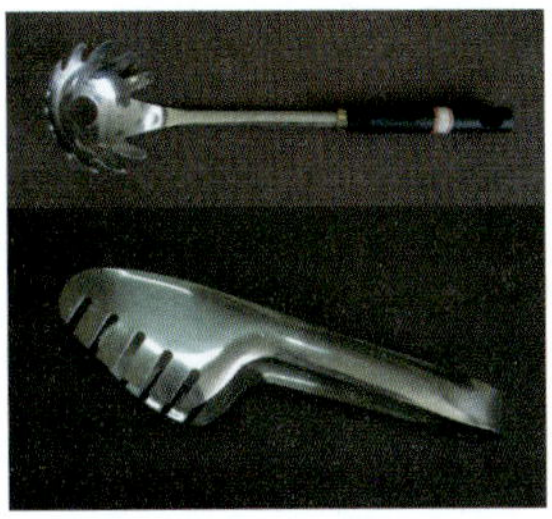

파스타 포크는 국자 형태와 스파게티 텅(spaghetti tongs)이라고 하여 끝 부분이 포크처럼 되어 파스타 면을 쉽게 집을 수 있는 것의 두 가지가 있다.

67) pepper mill

페퍼 밀은 통후추를 가는 도구로 조리 시 바로 갈아서 넣을 수 있으므로 신선한 후추의 맛과 향을 제공할 수 있다.

68) plate cover

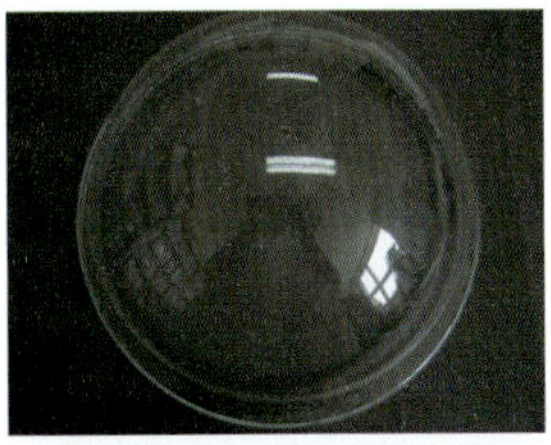

플레이트 커버는 접시에 음식을 담은 후 덮는 뚜껑으로 은이나 유리, 투명 플라스틱 등 재질이 다양하다. 음식의 온도나 상태 보존과 함께 장식의 효과도 있다.

69) potato masher

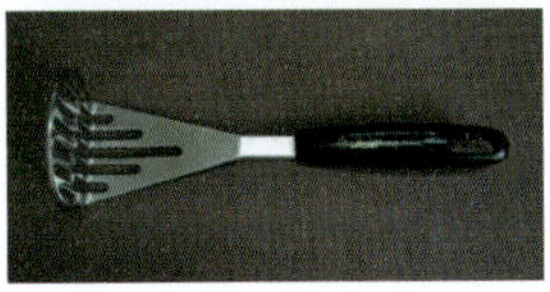

삶은 감자를 으깰 때 사용하는 도구이다.

70) poultry scissors

폴트리 시저스는 뼈가 있는 가금류를 자를 때 사용하는 가위로 칼보다 편리하다.

71) pouring ladle

푸어링 레들은 한쪽이나 양 끝이 뾰족한 국자로 소스나 액체를 따를 때 편리하다.

72) pressure cooker

증기가 달아나지 않도록 뚜껑에 잠그는 밸브가 장착된 냄비로 4~10qt 정도이며 높은 증기압으로 인해 음식이 빨리 익고 부드러워진다.

73) roasting pan

로스팅 팬은 덩어리가 큰 육류를 요리할 때 사용하는 팬으로 직경이 넓으며 깊이는 높고, 낮은 두 종류가 있다. 양 옆에 손잡이가 달려 있어 이동 시 편리하다.

74) rolling pin

반죽을 밀 때 사용하는 밀대이다.

75) rubber spatula

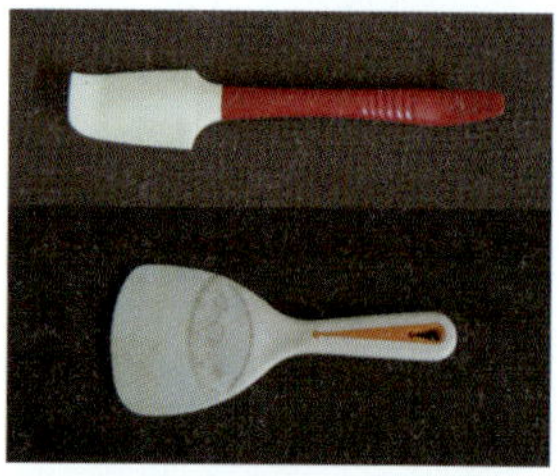

고무 또는 실리콘으로 만든 주걱으로 그릇에 남아 있는 재료를 깨끗이 모을 때 사용한다.

76) saute pan

소테 팬은 프라이팬으로 옆면이 경사져 있는 팬(sauteuse)과 옆면이 직각으로 되어 있는 팬(sautoir)의 두 종류가 있다.

77) scale

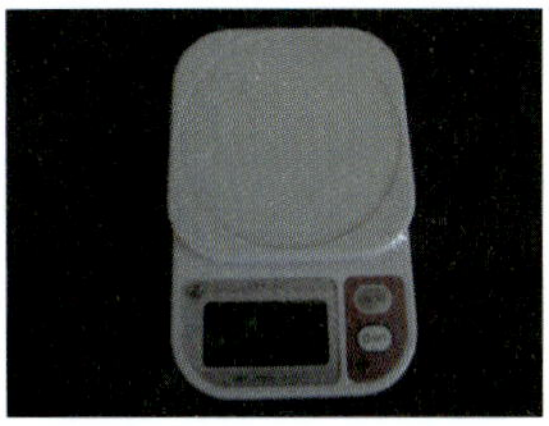

스케일은 저울이며 재료의 정확한 무게를 알 수 있다.

78) serving tray

서빙 트레이는 쟁반이다. 접시나 기물 등을 옮길 때 사용하며 미끄러짐을 방지하기 위한 non-slip tray도 있다.

79) sheet pan

시트 팬은 음식을 식히거나 굽는 등 다용도로 사용할 수 있으며 깊이가 깊지 않고, 구멍이 뚫린 팬도 있다.

80) sieve

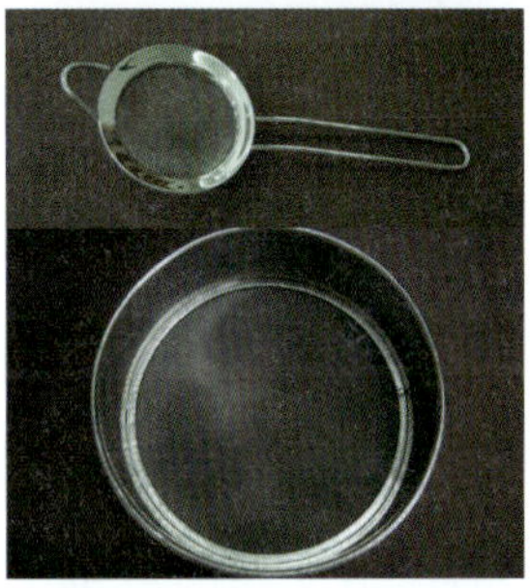

주로 식재료의 물기를 제거하기 위해 사용하는 도구로 체의 지름과 구멍의 크기에 따라 용도를 구분해서 사용하며 소스나 육수를 거를 때도 사용한다.

81) strainer

스트레이너는 칵테일을 만들 때 사용하는 거름 체로 컵 위에 놓고 핸드 셰이커의 내용물을 따를 때 얼음이나 고형물을 걸러 주기 위해 사용한다.

82) skimmer, skimming ladle

스키머는 액체 표면에 있는 불순물 등 고체 성분을 제거하는 도구로 작은 구멍이 뚫려 있다.

83) slotted spoon

슬로티드 스푼은 세로로 길게 구멍이 나 있어 국물은 제거하고 고형물만 건질 수 있다.

84) snail dish, snail plate

스네일 디쉬는 달팽이 요리를 담아내는 접시로 달팽이가 구르지 않게 구멍이 뚫려 있다.

85) snail fork

스네일 포크는 달팽이 껍질에서 달팽이를 꺼내어 먹을 때 사용하는 가느다란 포크이다.

86) snail tongs

스네일 텅은 달팽이 요리를 먹을 때 달팽이 껍질을 잡아 고정하는 집게이다.

87) solid spoon

솔리드 스푼은 30~40cm 정도로 크고 3Tbsp 정도의 용량이 들어가는 조리용 스푼이다.

88) spatula

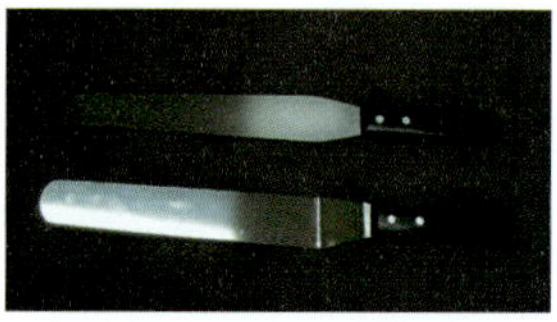

스테인리스 스틸 재질로 날의 종류는 일자형과 ㄴ자형이 있다. 길고 평평한 면을 가지고 있으며 케이크 아이싱에 많이 사용한다.

89) spider

스파이더는 구멍이 큰 쇠망으로 기름에 튀긴 식재료를 뜰 때 사용한다.

90) stock pot

스톡 포트는 깊고 넓은 면을 가진 냄비로 양쪽에 손잡이가 있다.

91) tamper

grinder에 간 원두를 눌러 담을 때 사용하는 도구이다.

92) tea ball

차를 우릴 때 차 잎이 흩어지지 않게 한곳에 모아 주는 역할을 하는 망이다.

93) turner

프라이팬에서 익힌 음식을 뒤집을 때 사용하는 도구이다.

94) vegetable peeler

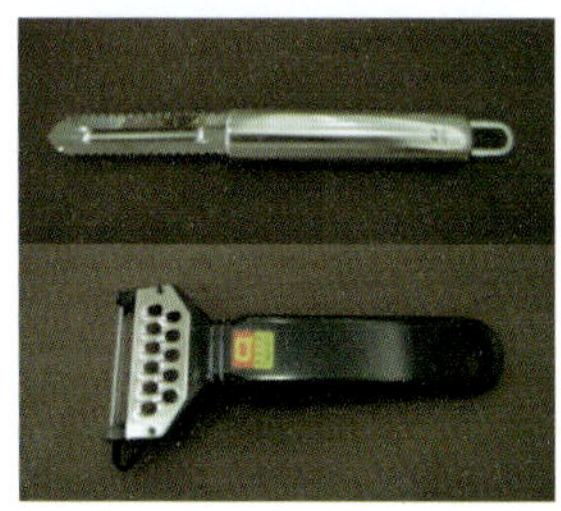

베지터블 필러는 채소나 과일의 껍질을 벗길 때, 또는 종이처럼 얇게 뜰 때 사용하는 도구이다.

95) wine basket

와인 바스켓은 숙성된 레드 와인을 옆으로 살짝 기울여 담을 수 있는 바구니로 와인창고에서 저장하는 상태와 똑같은 방법으로 서빙할 수 있게 하는 것이다.

96) wine cooler

와인 쿨러는 아이스 버킷(ice bucket)이라고도 하는데 속에 얼음을 담아 화이트 와인이나 샴페인 등을 담아 제공하는 것으로 차가운 온도를 계속 유지할 수 있도록 되어 있다.

97) wire rack

와이어 랙은 오븐에서 나온 뜨거운 제품을 올려 빨리 냉각시킬 수 있는 철망이다.

98) whip

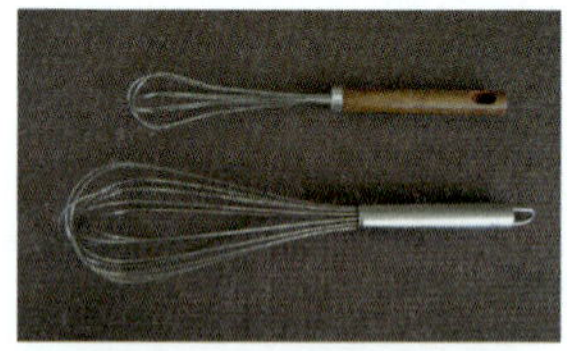

휩은 거품기로 휘스크(whisk)라고도 한다. 여러 개의 철사가 둥글게 연결되어 있어 재료를 혼합하거나 거품을 올릴 때 사용한다.

99) wooden spatula

우든 스패튤러는 나무주걱으로 샐러드를 혼합할 때, 재료를 볶을 때 사용한다.

100) wok

웍은 직경이 넓고 밑면이 둥글며 손잡이가 달린 중국식 냄비이다.

101) zester

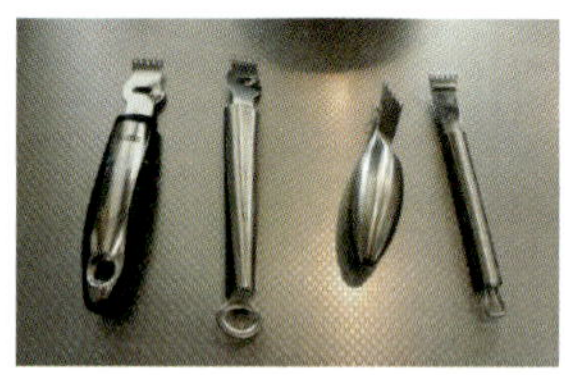

제스터는 레몬이나 오렌지 등의 껍질을 얇게 채 썬 것처럼 벗겨 낼 수 있는 도구이다.

Chapter 04

테이블 웨어와 커틀러리

1. 테이블 웨어
2. 커틀러리

1. 테이블 웨어(table wear)

(1) china

차이나는 식탁용 접시를 말하며 주로 도자기제품이 많다. 모양에 따라 전체적으로 평평한 plate와 가운데가 우묵하게 들어간 bowl, 컵과 컵이 움직이지 않도록 밑바닥에 홈이 파인 saucer로 구분한다. Bowl은 접시와 컵의 형식이 가미된 것으로 주로 수프나 샐러드, 시리얼, 설탕 등을 담을 때 사용한다. 커피 컵과 수프, 크림 피처(cream pitcher), 버터 등을 제공할 때는 반드시 saucer를 받쳐야 한다.

1) bread plate

지름 5~7inch 크기로 빵을 담는 접시이며 잼과 젤리, 버터 등을 담을 때도 사용할 수 있다.

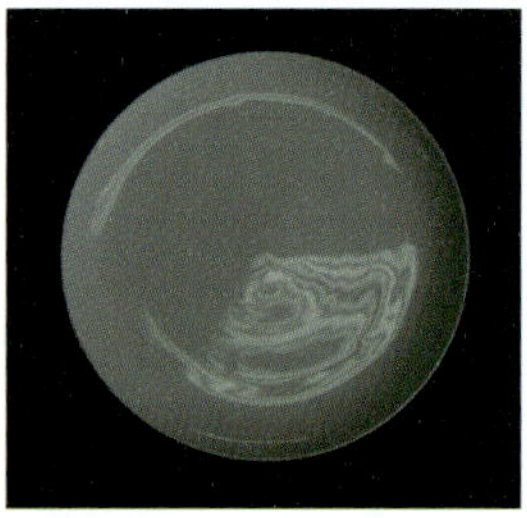

2) caster set

캐스터 세트는 식탁에서 사용하는 소금과 후추가 들어 있는 작은 병 세트를 말한다.

3) coffee cup

커피와 차를 담을 수 있는 컵으로 주로 도자기를 사용하지만 계절에 따라 glass를 사용하기도 한다.

4) dinner plate

지름 10~12inch 크기이며 코스요리에서 스테이크와 같이 주로 메인(main)이 되는 음식을 담는 접시로 사용하며 디저트, 파스타 등을 담을 때도 사용한다.

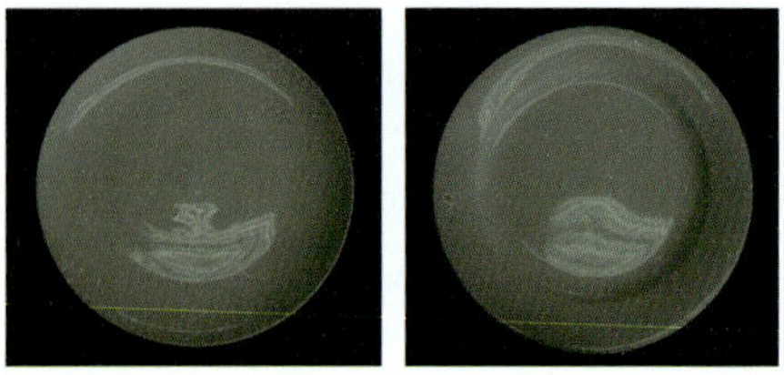

5) espresso cup

데미 타세(demi-tasse)라고도 하며 일반 커피보다 양이 적고 진한 에스프레소를 제공할 때 사용한다.

6) place plate

식사가 제공되는 자리에 놓아 고객이 앉는 자리를 표시해 주기도 하고 dinner plate를 위한 장식용으로도 사용한다. 위에 냅킨을 올려놓기도 한다.

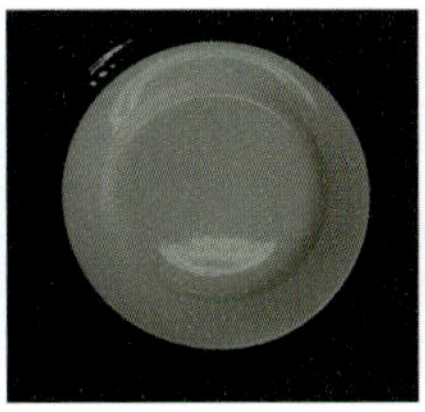

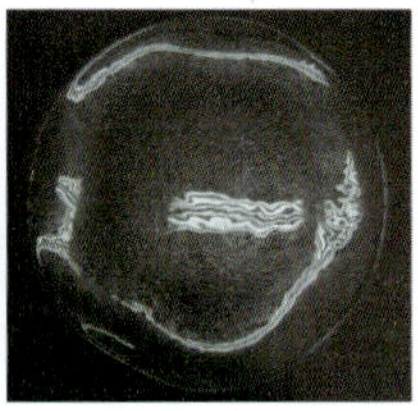

7) salad plate

지름 7~8inch 크기로 샐러드와 디저트, appetizer 등을 담을 수 있으며 접시 밑에 doily를 깔기도 한다. 도일리는 종이로 만든 레이스이다.

8) saucer

크기가 작고 얕은 접시로 바닥에 원형의 홈이 파여 있어 컵이 흔들리지 않도록 고정시키는 역할을 한다.

9) tea cup

홍차를 마시는 잔으로 커피 잔보다 직경이 넓고 낮은 모양이다.

(2) glasses

글라스는 유리잔으로 위아래의 규격이 비슷하고 아래쪽으로 내려갈수록 좁아지는 글라스인 텀블러(tumbler)와 글라스의 목 부분이 가는 stem ware로 나눌 수 있다.

1) champagne glass

Flute라고 부르는 전형적인 샴페인 잔은 길고 좁은 모양으로 튤립을 연상시킨다. 최근에는 stem이 없는 샴페인 잔도 사용하고 있다.

2) cocktail glass

용량이 3oz. 정도인 stem ware로 잔의 모양은 반원형이거나 역삼각형이다.

3) cognac glass

브랜디로 유명한 지역인 코냐크의 이름을 딴 술인 코냑을 마시는 잔으로 아래쪽이 둥글고 깊다. 짧은 stem 사이에 손가락을 끼우고 잔을 감싸 체온이 전달되도록 하여 마시면 브랜디 고유의 향을 즐길 수 있다.

4) decanter

Red wine을 따로 담아 침전물을 거르고 잘 혼합하여 제공하기 위한 병이다. Stem이 길고 입구가 좁으며 몸통이 넓은 호리병 모양으로 뚜껑이 있다.

5) fortified wine glass

작고 긴 원형으로 셰리(sherry), 마데이라(Madeira), 포트와인(port wine)을 제공하는 데 사용한다.

6) pilsner

연한 황금색의 라거(lager) 맥주인 필젠을 마시는 잔으로 가늘고 길며 아래쪽에 두툼한 굽을 가지고 있다.

7) pitcher, carafe

와인이나 얼음물 등을 담아 제공하는 물병이다. 미국에서는 주로 주둥이가 넓고 손잡이와 뚜껑이 달린 큰 맥주잔의 의미로 사용한다.

8) red wine glass

4~5fl. oz.의 용량으로 풍부한 레드 와인의 향을 느낄 수 있도록 넓은 볼을 가지고 있다.

9) red wine snifter

옆면이 풍선처럼 둥그스름한 잔으로 버건디(burgundy)나 이탈리안 와인을 마실 때 주로 사용한다.

10) rocks glass

stem이 없으며 위아래가 동일한 크기의 잔으로 얼음을 넣은 위스키(whisky)를 마실 때 사용한다.

11) römer, roemer

독일의 전통적인 와인 잔으로 대개 초록색이다. 둥근 잔의 입구가 넓고 stem이 길고 두툼하다. 용량은 7~8fl. oz.이다.

12) water goblet

워터 고블릿은 물 잔으로 텀블러에 속하며 6oz. 정도를 담을 수 있는, 크기가 큰 잔이다.

13) white wine glass

레드 와인 잔보다 좁은 볼과 길게 늘어진 면을 가지고 있으며 용량은 3~4fl. oz. 정도이다.

14) sundae glass

Sundae는 초콜릿과 과일, 견과류, 시럽을 얹은 아이스크림으로 stem이 짧고 입구가 넓은 잔에 담는다.

2. 커틀러리(cutlery)

식탁 위에 놓여 있는 식사용 도구를 총칭하는 말로 나이프, 포크, 스푼 등을 들 수 있다. Silverware 또는 flatware라고도 하며 메뉴에 따라 테이블 세팅이 달라질 수 있으며 세팅되어 있는 상태를 보고 그날 식사의 코스를 짐작할 수 있다. 바깥쪽부터 시작하여 가장 안쪽의 것을 제일 마지막에 사용한다.

1) cake fork

salad fork 또는 dessert fork라고도 하며 케이크나 파르트, 파이, 페이스트리, 샐러드를 먹을 때 사용한다.

2) coffee spoon

커피와 차, 코코아, 해산물 칵테일, 자몽, 아이스크림 등을 먹을 때 사용하는 스푼이다.

3) dinner knife

길이 23cm 정도이며 메인 코스에 사용하는 나이프로 table knife라고도 한다.

4) dinner fork

길이 20cm 정도이며 메인 코스용 포크로 아스파라거스나 아티초크(artichoke)와 같은 hot vegetable을 먹을 때 사용한다. 파스타를 먹을 때는 수프 스푼과 함께 사용한다.

5) fish knife

길이 22~23cm 정도이며 생선을 먹을 때, 또는 테이블 옆에서 생선 필레(fillet)를 제공할 때 사용한다.

6) fish fork

길이 18cm 정도로 fish knife와 함께 생선요리에 사용한다.

7) sauce spoon

납작하고 넓은 면을 가진 스푼으로 여러 가지 소스와 gravy를 위해 제공한다.

8) small knife

길이 18~19cm 정도인 디저트 나이프로 디저트 외에 전채나 훈제연어, 빵, 개구리 다리 요리를 먹을 때도 사용한다.

9) soup spoon

수프나 파스타를 먹을 때 사용하는 스푼으로 볼이 둥근 형태의 스푼은 콩소메를 먹을 때, 타원형은 thick soup를 먹을 때 사용한다.

10) sundae or iced-tea spoon

선데 아이스크림과 아이스커피, 아이스티를 마실 때 사용한다.

11) teaspoon

Soup cup에 제공되는 수프를 먹을 때, 디저트와 달팽이 요리, 멜론을 먹을 때 사용한다.

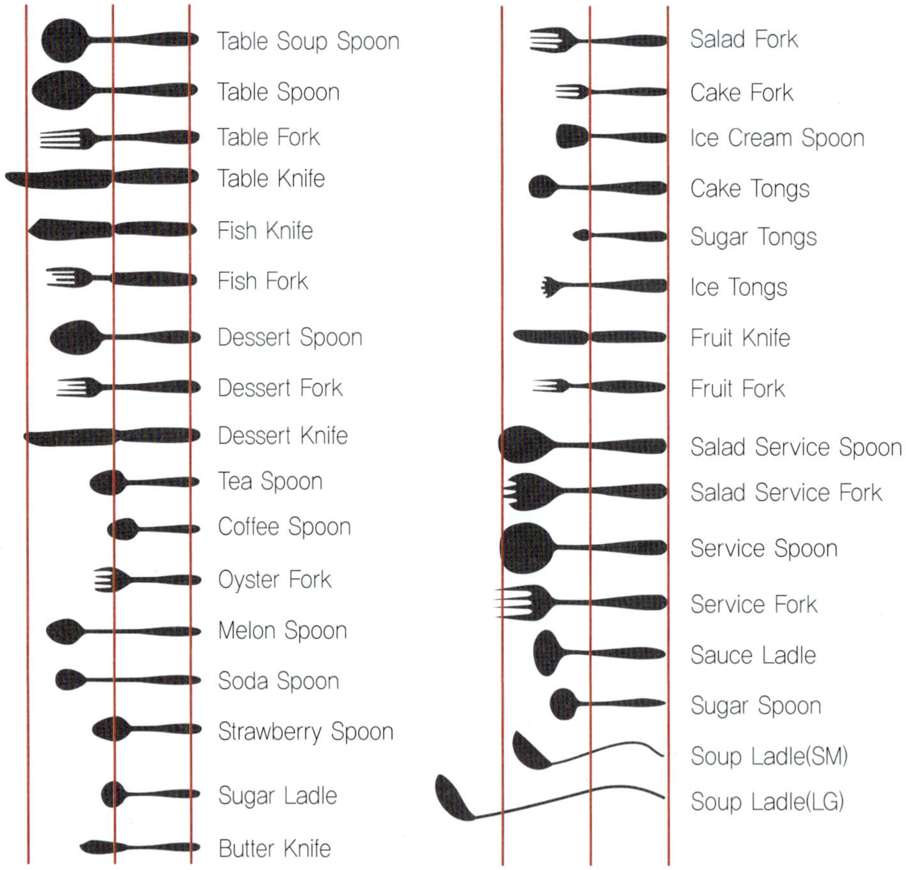

[그림 8] 은기물류의 종류

Chapter 05
기본 조리법

1. 습열 조리 방법
2. 건열 조리 방법
3. 복합 조리 방법

1. 습열 조리 방법(moist-heat cooking methods)

물 또는 수증기를 통해 발생된 열이 대류현상과 함께 이동하면서 식품을 익히는 조리 방법으로 식품 안에 들어 있는 본연의 향미를 잘 살릴 수 있는 조리 방법이다.

블랜칭, 보일링, 포칭, 심머링, 스티밍이 대표적인 습열 조리 방법이다.

(1) blanching(blanchir)

블랜칭은 데치기라고 하며 끓는 물 또는 기름 속에서 식품을 단시간에 익혀 내는 방법이다. 주로 푸른 채소의 색을 보존하기 위해 끓는 물에 단시간 데친 후 찬물에 식혀서 엽록소의 파괴를 정지시켜 선명한 녹색을 유지하도록 한다. 감자나 육류, 뼈를 조리할 때, 또는 식품을 블랜칭한 후 장기간 냉동 저장할 때 사용한다.

또한 중식에서는 육류나 생선, 감자, 채소를 130℃ 정도의 기름에 살짝 데쳐서 조리하는 경우가 많다.

(2) boiling(bouillir)

보일링은 삶는 조리법으로 끓는 물이나 뜨거운 액체를 이용하여 조리하는 방법이다. 100℃에서 대류현상으로 인해 전달되는 열을 이용해 식품을 익히는 조리법으로 심머링이나 포칭보다 빨리 익으므로 조리시간을 단축시킬 수 있다.

채소나 감자, 육류, 쌀, 파스타 요리에 유용하다.

(3) poaching(pocher)

포칭은 끓는 물이나 뜨거운 액체를 이용하는 방법이다. 끓는 물의 표면이 열에 의해 흔들리기 시작하는 때, 즉 71~82℃의 온도에서 대류현상으로 전달되는 열로 식품을 익히는 조리 방법이다.

생선의 경우 65~80℃에서 court-bouillon을 이용하여 서서히 조리하며, 가금류(poultry)는 데치는 과정인 blanching을 하여 불순물을 제거한 후에 white stock을 넣어서 포칭한다. 크림이나 소스류는 중탕기를 이용하여 포칭하고 달걀과 소시지, 만두는 물을 이용하여 포칭한다.

(4) simmering(cuire)

심머링은 약 85~96℃의 끓는 물이나 뜨거운 액체에 잠겨 있는 식품에 직접적으로 열이 전달되는 방법이다. 단백질이 서서히 응고되어 조직이 부드러워지고 감칠맛 성분이 증가되어 국물을 이용하는 음식에 적합한 조리 방법이다. 주로 곰국, 스톡(stock) 등 천천히, 긴 시간을 필요로 하는 요리에 많이 사용한다.

(5) steaming(cuire á la vapeur)

스티밍은 끓는 물 위에 찜기나 바구니, 랙(rack)을 올려놓고 그 안에 식품을 넣은 후 뚜껑을 덮어 식품이 직접 뜨거운 증기와 접촉하여 익도록 요리하는 방법이다. 채소나 쌀, 감자, 육류, 가금류, 어류 등의 조리에 유용하며 식품의 형태와 질감, 맛, 영양소 등이 최대한 유지될 수 있는 효과적인 방법이다. 스티밍은 직접 열을 이용한 습열 조리 방법보다 조리시간이 길고 연료 소비 또한 증가할 수 있으며 중간에 조미를 할 수 없는 단점이 있다.

압력솥은 증기압 온도 200~250℃의 고열로 조리하므로 시간이 절약되지만 안전상 유의하여야 한다.

2. 건열 조리 방법(dry-heat cooking methods)

열의 전도와 대류현상을 이용하여 공기 또는 기름의 높은 열을 전달하는 조리 방법이다. 건열 조리 방법은 액체를 이용하는 것이 아니므로 수용성 성분의 손실을 최소화할 수 있고 지방 분해 등으로 인해 풍미를 더욱 증가시키며 식품 고유의 맛과 향을 잘 살릴 수 있는 조리 방법이다. 또한 설탕과 같은 당질을, 조리하는 식품의 겉면에 바른 후 건열 조리 방법을 이용하면 캐러멜 효과를 얻을 수 있다.

대표적인 방법으로 베이킹, 브로일링, 그릴링, 딥프라잉, 팬프라잉, 로스팅이 있다.

(1) baking in the oven(cuire au four)

베이킹은 밀폐된 오븐 내부의 고온 건조한 공기가 직접 식품에 닿아 조리되는 방법으로 주로 제과류, 제빵류, 감자, 채소, 과일, 육류, 생선요리에 이용한다.

베이킹의 방법을 이용할 때는 각각의 요리에 맞게 온도를 설정하는 것이 중요하며 그러기 위해서는 예열을 하여 목표로 하는 온도에 도달할 수 있도록 하여야 한다.

(2) broiling(griller)

브로일링은 가스나 전기를 사용하여 조리기구의 위에서 내려오는 복사열을 이용한 건열 조리 방법이다. 브로일링은 음식을 조리할 때도 이용하지만 색을 낼 때도 이용하는데 살라만더(salamander)와 브로일러(broiler) 등이 브로일링의 조리 방법으로 식품을 조리할 수 있는 대표적인 조리 기기이다.

(3) grilling(griller)

그릴링은 전기나 가스, 목재, 석탄을 사용하여 조리기구의 아래에서 올라오는 복사열을 이용한 건열 조리 방법이다. 중금속으로 만들어진 석쇠 또는 격자판을 달군 후 가금류나 육류, 채소, 감자 등을 올려 익히는 방법으로 식품에 격자무늬 등 줄무늬를 표시할 수 있는 장점이 있다.

그릴링을 이용한 요리로는 슈니첼(schnitzel), 생선이나 육류 스테이크(steak), 커틀릿(cutlet), 더운 채소요리(hot vegetables), 연어(salmon), 갑각류(shellfish) 등이 있다.

(4) deep-frying, deep fat frying(frire)

딥 프라잉은 튀김이다. 뜨거운 기름을 이용하여 약 150~200℃에서 대류현상에 의해 식품에 열을 전달하여 익히는 건열 조리법 중 하나이다. 기름은 물보다 열을 전달하는 속도가 빠르고 온도가 높으므로 단시간에 조리가 가능하고 식품 재료에 있는 수분과 고열의 기름이 서로 교환 작용을 해서 식품의 풍미가 더욱 좋아진다.

생선을 비롯하여 육류, 채소 등 다양한 요리에 적용할 수 있으며 반죽이나 빵가루를 표면에 묻혀서 조리하기도 한다.

(5) pan-frying, shallow frying(sauter)

팬 프라잉은 딥 프라잉과 같이 뜨거운 기름을 이용하여 조리하는 방법이지만 딥 프라잉만큼 많은 양의 기름을 사용하지 않고 음식이 잠기지 않을 정도의 적은 양의 기름으로 요리한다.

(6) roasting(rotir)

로스팅은 베이킹과 같이 밀폐된 오븐 내부의 뜨거운 열을 이용한 조리 방법으로 육류나 가금류를 통째로, 또는 큰 덩어리로 꼬치에 꽂거나 팬에 올려 뚜껑을 덮지 않고 굽는 건열 조리법이다. 주로 육류나 가금류, 엽수조류(game), 채소류 조리에 유용하다.

3. 복합 조리 방법(combination cooking methods)

건열 조리 방법과 습열 조리 방법 두 가지를 같이 사용하는 방법으로 종류로는 브레이징, 포트 로스팅, 스튜잉이 있다.

(1) braising(braiser)

브레이징은 뜨거운 기름에서 식품을 갈색이 날 때까지 조리한 다음 적은 양의 액체와 함께 약한 온도에서 뚜껑을 덮고 천천히 조리하는 방법이다. 공기를 이용한 건열 조리 방법과 습열 조리 방법인 심머링과 스티밍을 같이 이용하는 복합 조리 방법이다.

(2) pot roasting(poêler)

포트 로스팅은 많은 양의 버터와 기름을 이용해 잘게 자른 육류를 갈색이 날 때까지 지속적으로 조리한 후 뚜껑을 덮고 익히는 조리 방법이다. 또한 바닥에 채소를 깔고 그 위에 재료를 놓은 후 뚜껑을 덮고 스톡이나 적은 양의 액체와 함께 서서히 재료의 수분을 이용하여 익히는 조리 방법이다.

(3) stewing(étuver)

스튜잉은 브레이징과 같이 뜨거운 기름에서 식품을 갈색이 날 때까지 조리한 다음 적은 양의 액체와 함께 서서히 익히는 조리법이지만 브레이징보다 육류를 조리할 때 좀 더 잘게 썬 후 블랜칭하는 방법으로 낮은 온도에서 은근하게 비교적 오랜 시간 끓이는 조리 방법이다. 스튜잉은 진한 풍미를 낼 수 있는 조리법으로 소스나 가니쉬(garnish)와 함께 제공하며 뚜껑이 있는 그릇을 사용하는 것이 좋다.

Chapter 06

육수

1. 육수(stock, fond, bouillon)

육수는 스톡이라고 하며 서양조리에 가장 기본이 되는 재료이다. 육류와 생선, 가금류, 뼈, 향신 채소(mirepoix)와 양념 등에서 추출한 수용성 성분들이 어우러져 맛을 내는 맑은 액체로, 사용하기 전에 체로 걸러야 하며 주로 소스와 수프의 베이스(base)로 많이 이용한다.

좋은 스톡을 뽑기 위한 최적의 조건으로 찬물(cold water), 향신료(aromatics), 심머링(simmering), 자연적인 청징함(natural clarification), 불순물 제거(skimming)의 5가지 요인이 반드시 필요하다.

스톡의 종류는 크게 white stock, brown stock으로 구분하며, 스톡의 주재료가 무엇인가에 따라 beef, fish, chicken, vegetable stock 등으로 이름 붙인다.

(1) white beef stock

재료 (Yield : 1gallon)	조리법
beef bones ....5kg cold water ....12L mirepoix ....450g standard sachet d'epices ...1EA salt, parsley stems .... to taste	❶ Rinse the bones and dry them well. 뼈를 깨끗이 씻은 후 물기를 제거한다. ❷ Combine the bones and water. 뼈에 찬물을 붓는다. ❸ Bring the stock to a boil over low heat. 스톡을 끓인다. ❹ Simmer the stock for a total of 8 hours. Add more water if necessary. 스톡이 한번 끓으면 약한 불로 줄이고 약 8시간 동안 심머링한다. 만일 물이 부족하면 더 첨가한다. ❺ Add mirepoix and sachet d'epices(and salt, if used) in the last hour of simmering. 심머링한 후 마지막 한 시간 전에 mirepoix와 향신료 주머니(만일 필요하면 소금도)를 첨가한다.

(2) brown veal stock(jus de veau)

재료 (Yield : 1gallon)	조리법
veal bones .... 3.6kg oil(optional) .... 115mL cold water .... 5.75L mirepoix .... 450g tomato paste .... 180mL standard sachet d'epices ... 1EA salt, parsley stems .... to taste	❶ Rinse the bones and dry them well. 뼈를 깨끗이 씻은 후 물기를 제거한다. ❷ Brown the bones in oil. 기름을 사용해 뼈를 갈색으로 볶는다. ❸ Combine the bones and water. 뼈에 찬물을 붓는다. ❹ Bring the stock a boil over low heat. 스톡을 끓인다. ❺ Brown the mirepoix and tomato paste : add to a stock after the stock has simmered for about 5 hours. 5시간 정도 끓였을 때 갈색으로 볶은 mirepoix와 토마토 페이스트를 스톡에 첨가한다. ❻ Deglaze the reduced drippings with water and add to the stock. Add sachet d'epices(and salt, if used) mirepoix와 토마토 페이스트를 볶은 팬에 남아 있는 drippings을 물로 deglaze하여 스톡에 첨가하고 향신료 주머니를 넣는다. ❼ Simmer for a total about 6 hours, skimming the surface as necessary. 약 6시간 정도 끓이면서 때때로 표면의 불순물을 제거한다. ❽ Simmer an additional hour. 1시간 정도 더 끓여 준다. ❾ Strain the stock. 다 끓인 스톡을 거른다.

(3) mirepoix

재료 (Yield : 1gallon)	조리법
onions chopped .... 225g carrots chopped .... 115g celery chopped 115g	❶ Cut the vegetables into an appropriate size based on the cooking time of the dish. 위의 채소를 각 요리에 맞는 크기로 썰어 mirepoix를 준비한다. ❷ Add mirepoix to the recipe as directed. 썰어 놓은 mirepoix를 레시피에서 지시한 대로 첨가한다.

(4) white mirepoix

재료 (Yield : 1gallon)	조리법
onions chopped .... 115g Leeks chopped .... 115g celery chopped .... 115g parsnips chopped .... 115g mushroom trimmings.. 60 to 85g	❶ Cut the vegetables into an appropriate size based on the cooking time of the dish. 위의 채소를 각 요리에 맞는 크기로 썰어 mirepoix를 준비한다. ❷ Add mirepoix to the recipe as directed. 썰어 놓은 mirepoix를 레시피에서 지시한 대로 첨가한다.

(5) standard bouquet garni

재료 (Yield : 1gallon)	조리법
celery trimmed, whole stalk .... 115g parsley stems ....3 or 4EA thyme sprig, fresh .... 1EA bay leaf .... 1EA Leek leaves ....2 or 3EA	❶ Halve the celery stalk crosswise. Sandwich herbs between celery pieces and fold leek leaves around the herbs and celery. 셀러리 줄기를 세로로 썰어 그 속에 허브를 넣은 다음 파 잎으로 싼다. ❷ Tie the bundle securely with butcher's twine. 주방용 실 묶음으로 묶는다.

(6) standard sachet d'epices

재료 (Yield : 1gallon)	조리법
parsley stems ....3 or 4EA thyme leaves ....1/2tsp bay leaf ....1EA peppercorns cracked ......1/2tsp garlic clove crushed 1EA	❶ Place all ingredients on a piece of cheesecloth approximately 4 inches square. Gather up the edges and tie with butcher's twine, leaving a long tail of string to the stock pot handle. 모든 재료를 가로, 세로 10cm 크기의 거즈에 싼 후 주방용 실로 묶고 한쪽 끝을 스톡 pot의 손잡이에 묶는다.

Chapter 07
수프

1. clear soups
2. thick soups
3. cold soups
4. national soups
5. liaison

수프는 식사에서 가장 처음에 제공되는 요리로 육류와 가금류, 생선, 갑각류, 채소를 물과 함께 끓여서 조리한 것이다. 맑은 수프(clear soups)와 농도가 있는 수프(thick soups)로 나눌 수 있으며 가니쉬(garnish)가 다양하다. 대부분 뜨겁게 먹지만 차갑게 먹는 수프도 있다.

1. clear soups(potages clairs)

맑은 육수(clear stock)나 브로스(broth)를 이용하여 만든 맑은 수프로 콩소메, 브로스, 채소 수프가 대표적인 종류이다. 그 중에서도 콩소메는 추가하는 가니쉬에 따라 다음과 같이 그 종류가 다양하다.

(1) consomme

beef consomme, chicken consomme, fish consomme, game consomme 등 고기나 가금류, 생선, 수조육류 국물을 우려 맑게 만든 수프로 뜨겁거나 차갑게 제공한다. 주로 다진 고기를 사용하여 육류의 진한 맛을 내고 맑게 걸러서 제공하므로 맛과 향이 풍부하고 깔끔하다.

1) consomme brunoise

여러 가지 채소를 주사위 모양으로 잘게 잘라서 부드럽게 익을 때까지 데친 후 가니쉬로 콩소메에 띄운다.

2) consomme julienne

여러 가지 채소를 얇은 성냥개비와 같은 굵기의 줄리엔느로 썰어 부드럽게 익을 때까지 데친 후 가니쉬로 사용한다.

3) consomme celestine

디저트로 먹는 프랑스 팬케이크인 크레이프를 가늘게 썰어 가니쉬로 제공한다.

4) consomme paysanne

채소를 가로세로 1.2cm와 두께 0.2cm 정도의 paysanne로 썰어 부드럽게 익을 때까지 데친 후 가니쉬한다.

5) consomme printaniere

프랑스어로 '봄'이라는 의미의 printemp처럼 여섯 종류 이상의 채소를 tournée로 썰어서 혼합하여 부드럽게 익을 때까지 데친 후 가니쉬한다.

6) consomme á la royale

달걀을 중탕으로 커스터드한 후 마름모꼴이나 다이아몬드로 썰어 가니쉬한다.

(2) broth

채소나 고기, 생선을 끓여서 만든 엑기스(extract)로 종류는 beef broth, chicken broth, game broth가 있다.

(3) vegetable soups

각종 채소를 사용하여 만드는 수프로 vegetable stock을 기본으로 하고 여기에 채소를 가니쉬로 첨가하여 만든다. 채식주의자들을 위해 필요한 메뉴라고 하겠다.

2. thick soups(potage lie)

리에종(liaison)인 농후제를 사용하여 농도가 생기도록 만든 수프이다.

(1) cream soups

Thick soup의 대표적인 수프로 채소나 가금류, 생선, 갑각류를 이용하여 만드는 수프이다. 밀가루와 버터를 사용하여 roux를 만들고 물 대신 우유를 사용하며 농후제는 크림을 주로 사용한다.

(2) purée soups

주로 전분인 탄수화물을 많이 함유하고 있는 채소를 사용하는데 주재료인 식품을 액체와 함께 계속 심머링한 후 블렌더로 전체를 곱게 갈아서 사용하거나 일부분만을 사용하여 걸쭉하게 농도를 만들어 준다. 즉, 농후제를 사용하여 농도를 만드는 것이 아니라 식재료가 가지고 있는 성분을 그대로 이용해 농도를 조절하는 수프이다.

(3) chowder

조개나 새우, 갑각류 등 해산물과 채소를 이용해 육수를 만들고 roux를 볶은 후 농후제로 우유와 크림을 넣어 만드는 수프로 크래커를 곁들여 먹는 곳이 많다.

(4) bisque

조개나 새우, 갑각류 등 해산물과 육류, 가금류, 채소를 이용해 육수를 만든 후 갈아서 만든 영양가 많은 수프로, 농후제는 주로 쌀을 이용한다.

3. cold soups

차갑게 먹는 수프로 기름기를 완전히 제거한 consomme나 계절에 따른 여름 메뉴인 melon soup, 그리고 스페인의 가장 대표적인 cold soup인 gazpacho는 만들어서 하루 정도 냉장고에서 차갑게 숙성시켰다 먹으면 그 맛이 더욱 좋다.

4. national soups

각 나라를 대표하는 수프로 vichyssoise는 미국의 대표적인 감자수프이고, clam chowder는 영국, minestrone은 이탈리아, borsch는 러시아, 부야베스는 프랑스, 똠양꿍은 태국의 대표적인 수프이다.

5. liaison

리에종이란 농후제를 의미하며 주로 소스나 수프, 스튜에 사용하는 혼합물로 본 재료의 색과 맛, 농도에 영향을 주는 물질이다. 리에종으로는 roux, starches, butter, cream, beurre manié, egg yolk, purée, foie gras 등을 주로 사용한다.

(1) roux

Roux는 냄비에 버터와 밀가루를 1:1의 비율로 넣고 주걱으로 계속 저어 주면서 덩어리지지 않고 생밀가루 냄새가 없어질 때까지 볶아 준다. 루를 이용할 때는 루와 스톡의 온도에 주의해야 하는데 동일한 온도의 재료를 섞어 주면 풀어지지 않으므로 차가운 roux에는 뜨거운 stock을, 뜨거운 roux에는 차가운 stock을 섞어 주어야 한다.

1) white roux(roux blanc)

화이트소스(white sauce)를 만들 때 사용하는 루로 색이 나지 않게 볶아서 사용한다.

2) blonde roux(roux blond)

벨로테소스(veloute sauce)를 만들 때 사용하는 루로 약간 색이 난 상태로 볶아서 사용한다.

3) brown roux(roux brun)

브라운소스(brown sauce)를 만들 때 사용하는 루로 갈색이 나도록 볶아서 사용한다.

(2) starches

전분은 응집력이 좋고 윤기와 광택이 나는 농후제로 옥수수 전분(corn starch), 칡가루(arrowroot), 타피오카(tapioca) 등을 주로 사용한다.

(3) butter

버터는 깊은 향과 맛으로 음식에 풍미를 더해 줄 뿐 아니라 농도도 조절해 주는 역할을 한다. 낮은 온도에서 사용하여야 하며 소스의 온도가 뜨거우면 분리가 일어날 수도 있다.

(4) cream

주로 화이트소스에 사용하는데 농도를 진하게 해 주고 크림 특유의 부드러움과 맛으로 풍미가 좋아진다.

(5) beurre manié

밀가루와 버터의 비율을 1:2 또는 동량으로 하여 사용하는 것으로 오래 가열하지 않아야 한다.

(6) egg yolk

달걀노른자는 거품을 내어 수프나 소스의 마지막 단계에 혼입하는 것으로 끓이지 않는다. 크림을 첨가하여 사용하기도 한다.

(7) purée

과일이나 채소의 농축액이라 할 수 있으며 색과 향을 내고 농도를 조절하는 데 사용한다.

(8) foie gras

거위의 간으로 크림과 1:2의 비율로 사용하며 주로 수프보다는 소스에 많이 사용한다.

Chapter 08
드레싱과 소스

1. 드레싱
2. 소스

1. 드레싱(dressing)

드레싱은 차가운 소스(cold sauce)의 일종으로 주재료는 오일과 허브이다. 샐러드나 차가운 채소, 생선, 육류요리 등에 사용하며 때로는 장식으로도 사용되어 음식을 좀 더 고급스럽고 풍미 있게, 부드럽게 해 주고 소화촉진제의 역할도 한다. 드레싱을 가니쉬로 사용하기 위해서는 샐러드의 재료와 색상, 질감(texture) 등을 고려해서 다른 재료들과 잘 어울릴 수 있도록 한다.

드레싱은 크게 french dressing(vinaigrette)과 마요네즈(mayonnaise)로 구분하는데 가미되는 재료에 의해 수많은 종류가 만들어진다. French dressing(vinaigrette)과 마요네즈는 기름을 기본으로 하여 만드는데 일반적으로 기름을 사용하는 드레싱은 끓이지 않고, 버터를 사용하는 소스는 끓여야 하는 차이가 있으나 오늘날에 들어와서는 그 구분이 뚜렷하지 않고 경계가 모호해지는 경우도 많아졌다. 대부분의 드레싱은 따로 제공하거나 맛을 더 좋게 하기 위해 먹기 직전에 혼합해서 제공한다.

(1) french dressing

기름과 식초, 소금을 혼합하여 만드는 드레싱으로 식초가 들어가므로 비네그레트(vinegrette)라고 한다.

(2) Italian dressing

적포도주와 올리브 오일, 소금, 후추, 마늘, 다진 허브를 적당한 비율로 섞어 준다.

(3) pesto

신선한 바질과 기름, 마늘, 잣, 파르메잔 치즈를 혼합하고 분쇄하여 만드는 드레싱으로 주로 파스타에 많이 사용하는데 최근 well-being trend에 잘 맞는 소스이므로 그 사용범위가 매우 광범위하다.

(4) thousand islands dressing

달걀노른자와 겨자, 설탕, 소금, 흰 후추를 믹서에 넣어 혼합한다. 소금과 설탕이 완전히 녹으면 기름을 조금씩 넣으면서 유화시킨다. 유화가 어느 정도 이루어지면 식초를 조금씩 넣어 농도를 맞추면서 레몬주스와 핫소스, 우스터소스를 넣고 크림과 토마토케첩을 넣은 다음 다진 양파와 피클, 삶은 달걀을 넣는다.

(5) mayonnaise

달걀노른자와 기름, 식초를 혼합하여 만드는 드레싱으로 가장 일반적이고 대중적인 드레싱이다.

(6) cocktail sauce

토마토케첩에 홀스래디쉬, 핫소스, 우스터소스, 후추, 레몬주스, fresh lemon, 타바스코소스를 넣고 잘 혼합한다. 기름을 넣으면서 서서히 섞은 다음 브랜디와 소금으로 간을 맞춘다.

(7) barbecue sauce

칠리소스, 마늘 다진 것, 토마토케첩, 황설탕, 간장, 우스터소스, 타바스코소스, 식초, 기름, 물 그리고 겨자를 혼합하여 만드는 소스로 모든 재료를 잘 섞은 후 밀폐용기에 보관해 두면 좋다. 육류 바비큐에 사용하는 소스로 American sauce라고도 한다.

(8) horseradish sauce

고추냉이와 식초, 빵가루, 설탕, 소금, 후추, 휘핑크림을 넣어 혼합하여 만드는 소스로 roasted beef, fish, shrimp 등에 잘 어울리며 English sauce라고도 한다.

(9) cumberland sauce

슬라이스한 레몬과 샬롯을 포칭한 다음 물기를 제거하고 커런트 젤리, 포트 와인, 레몬주스, 오렌지 주스와 함께 혼합한다. 겨자와 생강, 케이엔 페퍼(cayenne pepper)로 양념한 다음 다진 샬롯과 레몬 슬라이스를 넣은 후 3~4시간 후에 사용한다.

(10) tartar sauce

양파와 피클, 삶은 달걀을 잘게 다져 겨자와 소금, 후추를 넣고 양념한 후 마요네즈를 넣고 버무린다. 식초, 또는 레몬주스와 처빌 다진 것을 잘 섞어 완성한다.

2. 소스(sauce)

소스는 '음식을 덮는다' 는 동사로, 음식에 더해져서 그 맛과 향을 더 풍성하게 해 주기 위해 사용되어 왔다.

소스의 어원은 소금이라는 의미의 라틴어 'sal' 에서 유래되었는데 소금을 기초로 만들어졌기 때문이다. 소스의 종류는 수백 가지로 추정하고 있는데 19세기 이탈리아에서 프랑스로 온 요리사 안토닌 카렘(Antonine Carem)에 의해 다섯 가지 모체소스가 만들어지고 이 모체소스를 바탕으로 더욱더 많은 소스가 개발되었다.

주방에서 소스 생산을 담당하는 saucier는 풍부한 경험과 조리경력을 갖춘 사람이어야 하는데 그 이유는 소스가 그 요리의 품질을 좌우하는 매우 중요한 역할을 하고 있기 때문이다.

다섯 가지 모체소스(mother sauce)로 bechamel-, veloute-, espagnole-, tomato-, hollandaise sauce가 있으며 이 모체소스를 기본으로 첨가되는 재료에 따라 여러 가지 다른 소스를 만들 수 있다. 모체소스에서 만들어진 파생소스는 농도와 색채, 광택, 맛이 중요하며 기름기가 많지 않게 주요리의 맛을 살리면서 데코레이션(decoration)의 역할도 해 주어야 한다.

소스에는 와인도 많이 사용하고 있는데 와인에는 알코올 성분이 존재하므로 가열을 통해 알코올을 승화시켜야 한다. White wine은 소스의 새콤한 맛을 저하시켜 주고, red wine이나 브랜디는 그 주류 특유의 맛으로 더욱 좋은 풍미를 만들어 준다. 포르투갈에서 생산된 port, madeira wine은 깊고 오묘한 향을 오래도록 보존하기 위해 조리 마지막에 불을 끄고 첨가한다.

소스를 만드는 과정은 크게 농축(reduction), 와인 첨가(finishing with wine), 버터 첨가(mount to butter, monter au beurre)로 나눌 수 있다.

(1) 색깔에 따른 모체소스의 종류

소스 색	모체소스	기본 재료
흰색(white)	bechamel sauce	white roux, milk, white stock
황갈색(blonde)	velouté sauce	blonde roux, chicken, veal, fish stock, aromatics
노란색(yellow)	hollandaise sauce	clarified butter, mixed spices, lemon, egg yolk
붉은색(red)	tomato sauce	tomato, stock, vegetables, aromatics
갈색(brown)	brown sauce (espagnole sauce)	brown roux, brown stock, mirepoix, aromatics

흰색 모체소스인 bechamel sauce는 요리사 베샤멜의 이름을 따서 만들어진 소스로 밀가루와 버터를 1:1로 섞어 만든 화이트 루(white roux)에 정향을 꽂은 양파, 우유, 소금, 후추 등을 넣어 끓인 후 체에 걸러 낸 소스이다.

Hollandaise sauce는 네덜란드(dutch sauce)소스라고도 하는 부드러운 크림소스의 일종으로 노란색의 모체소스이다. 버터와 달걀노른자, 식초, 후추, 양파, 레몬주스로 만든다. 채소와 생선, 에그 베네딕트와 같은 달걀요리에 주로 사용한다.

Espagnole sauce는 브라운소스라고도 하는 갈색 모체소스로 브라운스톡과 mirepoix, 브라운 루(roux)로 만들어 주로 육류에 사용한다.

(2) 파생소스의 종류

liquids	liaison	mother sauce	accessory elements	derived sauce
milk	white roux	bechamel sauce	+ cream	cream
			+ egg yolk, gruyere cheese	mornay
			+ cream, mushroom chop	parisienne
			+ onion juice	soubise
			+ mustard, egg yolk, cayenne	thermidor
white stock (veal, chicken, fish)	blond roux	veal velouté sauce	+ cream, egg yolk, lemon juice	allemande
			+ câpre	câpre
			+ mushroom	champignons
		chicken velouté sauce	+ parsley chop	poulette
			+ fresh cream, mushroom essence	supreme
		fish velouté sauce	+ fish stock, truffle, cayenne, lobster butter	cardinal
			+ cream, crayfish, lobster butter	nantua
			+ fish fumet, cream, white wine, onion chop, mushroom	white wine
			+ fish fumet, cream, onion chop, mushroom, Noilly part wein	Noilly
			+ fish fumet, cream, Noilly wein, saffron, mushroom	saffron
brown stock	brown roux	espagnole sauce	+ shallot, carrot, celery, garlic, red wine	bordelaise
			+ madeira	madere
			+ truffle chop	perigueux
			+ shallot, white wine, vinegar, fine herbs, cornichons, pepper	piquante

tomato + stock	roux	tomato sauce	+ mushroom, shallot, white wine, brandy, fond de veau lie	chasseur
			+ shallot, pepper, white wine, vinegar, fond de veau lie	diable
clarified butter	egg yolk	hollandaise sauce	+ tomato concasse, anchovy	arlesienne
			+ parsley chop, tarragon chop	bearnaise
			+ whipped cream	chantilly
			+ whipped cream, lemon juice	mousseline
			+ orange juice	maltaise
			+ tarragon, tomato puree	choron
			+ tarragon chop, chervil chop	vierge
			+ orange juice, orange zest	mikado
			+ mustard seeds	moutarde

(3) special sauce

1) curry sauce

양파와 생강, 마늘을 잘 볶은 후 밀가루와 커리 파우더를 뭉치지 않게 잘 저으면서 함께 볶는다. 토마토 퓌레와 편으로 썬 사과를 넣고 다시 볶는다. 육수와 망고 chutney, 정향 등을 넣고 3시간 정도 끓인 후 걸러서 사용한다.

2) teriyaki sauce

쇠고기를 썰어 오븐에서 갈색이 나게 굽는다. Mirepoix, 닭 뼈를 갈색이 나게 볶은 다음 닭 육수를 붓고 황설탕, 간장, 우스터소스, 파인애플, corn syrup, 월계수 잎, 통후추를 넣고 절반으로 줄 때까지 약 6시간 정도 끓인 후 거른다. 끓이는 동안 거품을 제거해 준다.

(4) 소스의 실례

1) demi-glace

재료 (Yield : 1quart)	조리법
brown veal stock .... 2L brown sauce 2L	❶ Reduce the brown veal stock by one-third. brown veal stock을 1/3 정도로 농축한다. ❷ Add the brown sauce : Continue to reduce to 1 quart. Skim the surface as necessary. brown sauce를 첨가한 후 계속 농축하여 1quart가 되게 한다. 때때로 불순물을 제거한다. ❸ Strain the sauce. 소스를 거른다.

2) brown sauce(espagnole sauce)

재료 (Yield : 1gallon)	조리법
mirepoix ....450g vegetable oil ....90mL tomato paste ....115g brown veal stock .... 5.75L pale roux ....340g standard sachet d'epices ..1EA	❶ Brown the onion from the mirepoix in the hot oil : and the remainder of the mirepoix and continue to brown. mirepoix 중에서 먼저 양파를 기름에 갈색이 나게 볶은 다음 나머지 채소도 볶는다. ❷ Add the tomato paste : Cook out for several minutes. 토마토 페이스트를 넣고 신맛이 날아갈 때까지 볶는다. ❸ Add the brown stock : Bring up to a simmer. 스톡에 첨가하고 끓인다. ❹ Whip the roux into the stock. Return to a simmer and add the standard sachet d'epices. Roux를 볶아 스톡에 넣고 향신료 주머니도 첨가한다. ❺ Simmer for approximately 1 hour : Skim the surface as necessary. 약 1시간 정도 심머링하면서 때때로 불순물을 제거한다. ❻ Strain through cheesecloth. 거즈로 소스를 거른다.

3) veloute sauce

재료 (Yield : 2quart)	조리법
white veal, chicken or fish stock .... 2.5L white roux .... 225g salt(to taste) .... 1/2tsp pepper(to taste) 1/4tsp	❶ Bring the stock to a boil. 스톡을 끓인다. ❷ Whip the roux into the stock : Work out all the lumps. Roux를 볶아 스톡에 첨가한다. 덩어리가 없도록 완전히 풀어 준다. ❸ Simmer for 30 to 40 minutes, skimming the surface as necessary. 30~40분 정도 심머링하면서 때때로 불순물을 제거한다. ❹ Season with salt and pepper to taste and then strain the sauce. 소금과 후추로 간을 하고 소스를 거른다.

4) bechamel sauce

재료 (Yield : 2quart)	조리법
milk .... 2.375L white roux .... 225g onion, fine dice smothered in clarified butter .... 60g salt(to taste) .... 1/2tsp white pepper(to taste) ..... 1/4tsp nutmeg ground(to taste) 1/4tsp	❶ Scald the milk(do not boil) and pour it over the roux. Bring to a boil. 우유를 비등점 이하로 데워 roux에 섞은 다음 끓인다. ❷ Add the smoothered onions. 정제 버터에 볶아 놓은 양파를 첨가한다. ❸ Simmer for 30 minutes. 30분 정도 심머링한다. ❹ Adjust the seasoning to taste with salt, white pepper, and nutmeg. 소금, 후추, 넛멕으로 간을 한다. ❺ Strain through a double thickness of cheesecloth. 두 겹의 거즈로 소스를 거른다.

Chapter 09

허브와 향신료

1. 허브
2. 향신료

1. 허브(herbs)

허브는 대부분 씨에서부터 자라는 1년생 또는 다년생 종자식물로 주로 온대지방에서 자란다. 허브는 풀 또는 목초, 약초라는 의미의 라틴어인 "herba"에서 유래되었으며 식물의 잎 또는 꽃봉오리와 같이 부드러운 부위를 신선한 형태로, 또는 말려서 사용한다.

허브는 오랜 시간 동안 유럽 등지에서 의학적인 목적으로 사용되어 왔고 음식의 맛과 향을 내기 위해서도 사용하였다. 고대 그리스에서는 히포크라테스와 많은 의사들에 의해서 연구되었고 기원전 4세기경 그리스 학자 테오파라투스(Theoparatus)에 의해 처음으로 의학적인 목적과 음식을 위한 방향으로 나누어 사용되었다.

지중해와 서남아시아에서 생산되는 허브는 로마제국 시대부터 유럽 대륙 곳곳으로 펴져 이용되었는데 허브가 건강에 좋다는 믿음 때문에 로마 병사들은 허브 종자를 휴대하고 다니기도 하였고 신비로운 의약품으로 살균과 방부 작용은 물론 음식에 풍미를 더하는 재료로도 사용하였다. 대부분의 허브의 이름은 로마 시대 이후 중세에서부터 유래가 시작되었고 유럽의 수도원에서 경작되었으므로 그 시대에 붙여진 이름으로 보고 있다.

콜럼버스의 신대륙 발견으로 허브는 대서양 등 더욱 많은 지역으로 알려지고 전파되어 갔으며 식민지였던 아메리카 대륙의 청교도들에 의해서 허브가 상업적으로 재배되어 약용과 음식 조미료로 팔리기 시작하였다. 500년 전 중국의 역사 속에서도 많은 허브가 사용되어 왔다는 신화와 전설이 있으며 허브는 신에게 바쳐지는 물건으로, 또는 귀중한 약초로 숭상되어 왔다.

각 나라마다 특정하게 사용하는 허브가 있는데 중동지역이나 그리스는 오레가노와 민트, 딜을 양고기에 주로 사용하고 태국은 코리앤더를 대부분의 태국요리에 사용하며 닭고기와 생선요리에는 레몬그라스를 사용한다. 영국에서는 돼지고기 요리에 세이지를, 구운 양고기 요리에는 민트를, 치즈는 세이지 더비 치즈를 주로 이용한다. 스칸디나비아 반도는 딜을 거의 모든 생선요리에 사용하고 이탈리아에서는 로즈마리와 바질을 선호하며 프랑스에서는 타라곤은 닭고기, 펜넬은 생선요리에 넣어 음식의 향과 맛을 더욱 풍부하게 한다. 이렇게 각 나라별로 선호하는 허브의 차이가 있는 것은 그 나라의 일조량과 토양에 따라 주로 많이 생산되는 허브의 종류가 다르기 때문이라고 할 수 있다.

(1) 허브의 종류

1) arugula

아르굴라는 로케트라고도 불리는 허브로 고대 로마 시대부터 많이 사용하여 왔다. 주로 샐러드에 많이 사용하는 녹색 채소로 후추 맛을 내는 향료의 맛으로 더욱 유명해졌고 이탈리아와 프랑스에서 가장 선호하는 허브이다.

부드럽고 짙은 녹색의 작은 잎들을 가지며 겨자 잎과 비슷한 독특한 향기가 있어 맛이 다른 채소와 잘 어울리는 허브이다. 지중해식 요리에는 올리브와 마늘, 토마토, 후추, 올리브 오일과 함께 많이 사용한다.

2) basil

바질은 동아시아와 중앙 유럽이 원산지이며 잎에 조그마한 상처만 나도 향이 퍼질 만큼 향이 강한 허브로 민트의 일종이다. 일년생 식물로서 높이가 45cm까지도 자랄 수 있는 허브로 신맛과 달콤함을 가지고 있어 중요한 향신료 중 하나이다. 주로 토마토 요리에 꼭 들어가며 이탈리아에서는 닭고기와 생선, 파스타, 피자, 스튜, 수프, 소스, 샐러드에 널리 사용하고 있다.

3) bay leaf

월계수는 이탈리아, 그리스, 터키를 중심으로 하는 지중해 연안이 원산지로 로마 시대에는 월계수가 영광의 상징으로 추대받기도 했다. 잎은 로렐(laurel)이라고도 부르며 열매와 잎을 이용하는데 열매에는 지방유와 정유가 함유되어 있어 약재로 많이 사용되었고 향수와 소스의 향신료, 목욕제, 포푸리로 많이 이용하고 있다.

생잎은 쓴맛이 있지만 건조한 것은 달고 강한 향기를 가지고 있으므로 주로 말려서 사용한다. 생선과 육류, 수프, 스튜 등 가열할 때 넣고 끓여서 음식에 향을 더하는 허브이나 요리가 끝나고 건져 내지 않을 경우에는 쓴맛이 날 수 있다.

서양요리에서 가장 기본적으로 사용하는 허브이기도 하다. 식욕을 촉진시키고 방부력도 있어 피클, 소시지 등에 사용하고 천연 방부의 효과도 있어 벌레가 생기는 것을 방지할 수 있다.

4) bouquet garni

부케가니는 향이 좋은 여러 가지 허브를 이용해 만드는 허브 다발로 월계수 잎 1EA, 파슬리 5~6줄기, 말리지 않은 타임 2~3줄기를 무명실로 묶어 다발을 만들어 요리에 사용한 후 건져 낸다. 요리에 따라 허브의 양을 조절할 수 있다.

5) chervil

처빌은 서부아시아, 러시아, 코카서스, 중동지역이 원산지로 파슬리와 비슷한 향을 내는 미나릿과 식물이다. 잎을 주로 사용하고, 신선한 것은 수프나 샐러드에, 말린 것은 소스나 양고기 요리에 사용한다.

6) chive

차이브는 파의 일종이나 파의 향기는 나지 않으며 모양은 키가 작고 잎이 가느다라며 짧은 품종이다. 파의 향기가 아닌 톡 쏘는 향긋한 향을 가지고 있어서 식욕을 돋우어 주는 특징을 가지고 있다. 꽃의 향은 장미향과 비슷한 향을 가지고 있다.

생선이나 육류의 냄새를 없애 주며 주로 샐러드, 크림치즈, 오믈렛 등에 사용하고 장식용으로도 많이 사용하고 있다.

7) coriander

코리앤더는 지중해와 코카서스 지방이 원산지로 미나릿과에 속하는 한 · 두해살이식물이다. 전 세계적으로 가장 많이 사용하는 허브로 차이니스 파슬리, 실란트로, 고수, 팍취 등 여러 가지 이름으로 불리고 있다.

로마 시대에는 빵이나 케이크를 만들 때 썼으며 동양권에서는 싱가폴, 대만, 중국, 태국, 베트남에서 많이 사용하고 있고 태국에서는 특히 수프를 만들 때 뿌리를 이용한다.

페루나 멕시코에서는 칠리와 함께 사용하는 향신료이며 인도와 동남아, 아랍권에서는 모든 요리에 사용하며 특히 육류나 생선요리의 냄새를 없애고 매운맛을 내는 데 사용한다. 유럽에서는 씨앗을 빻아 후추처럼 생선이나 고기류에 사용하고 있다.

코리앤더는 탄수화물의 소화 작용을 도와주나 냄새가 강하여 거부하는 사람도 많다.

8) dill

'진정시킨다' 라는 의미를 가진 스칸디나비아어의 dilla에서 유래된 딜의 이름에서도 알 수 있듯이 딜의 씨앗은 진정효과를 가지고 있는데 이러한 약효는 오래전부터 인정받아 높이 평가되고 있다. 딜은 향이 신선하고 향긋하며 북유럽과 인도가 주 생산지로 줄기와 씨앗, 잎을 모두 이용한다.

씨앗은 빵과 케이크, 쿠키 등에 커리 파우더 등과 함께 혼합되고 식초에 담가 드레싱으로도 이용하며 잎과 줄기는 샐러드에 이용한다. 생선과 채소요리, 소스, 수프, 샌드위치, 닭고기 등에 사용하며 피클 제조 시 꼭 필요한 허브이다.

9) Italian parsley

이탈리아 파슬리는 일반적인 파슬리보다 잎이 좀 더 크고 넓어 flat leaf parsley라고도 한다. 줄기가 길며 향이 부드러워 파스타나 샐러드, 수프, 소스 등에 사용하며 장식용으로도 많이 사용한다.

10) kaffir lime leaves

카퍼 라임 잎은 동남아시아와 하와이에서 자라는 kaffir lime 나무에서 채취하는데 그 열매는 작은 배 모양의 감귤류 과일로 시고 강렬한 맛을 내며 그 잎은 어두운 녹색으로 수프나 커리 등 태국이나 말레이시아요리에 주로 사용한다.

11) lemongrass

레몬그라스는 레몬 향을 가지고 있는데 레몬 껍질 안에 있는 성분인 방향유 citral에 의해 새콤한 향이 난다. 태국 음식에서 가장 중요하게 다루어지는 허브로 수프와 소스를 만들 때 많이 사용한다. 생선과 닭고기, 가금류 요리에 사용하고 태국 수프인 똠양꿍의 향과 맛을 내는 데 꼭 필요한 재료이다.

인도와 동남아시아에서는 차로도 사용하고 있다. 위로 솟은 부분인 길고 얇은 녹색의 잎은 튀김으로도 사용되고 밑 부분은 파처럼 겹겹이다.

12) majoram

마조람은 오레가노보다 섬세한 향을 지니고 있으며 단맛과 야생의 아린 맛을 내는 두 종류가 있다. 영국과 프랑스, 독일, 체코슬로바키아 등지에서 재배되고 있으며 봄에 연한 장미꽃과 같은 꽃을 지니고 있는 식물로 꽃이 핀 후에 잘라서 말린다. 잎은 회색을 띤 녹색인데 말려서 분말로 사용하고 있다. 소시지, 소스, 스튜 등에 맛을 내는 허브로 파이, 닭, 생선, 돼지, 조개, 채소 등 거의 모든 요리와 적절하게 잘 어울린다.

미트볼(meat ball)을 만들 때 넣으면 맛이 더욱 좋아지며 식물의 산화를 방지할 수 있어서 이탈리아요리, 육류요리에 꼭 필요한 허브 중 하나이다. 건조해져도 그 향의 지속력이 좋아서 약용이나 목욕제로도 사용되고 살균력과 보존력이 좋다.

13) mint

민트는 크게 동양종과 서양종으로 구분되는데 주로 향신료나 향료로 사용되는 것은 서양종이다. 페퍼민트(peppermint), 스피어민트(spearmint), 애플민트(applemint), 오데코롱민트(eau de colognemint) 등 종류가 다양하며 우리말로는 박하라고 한다. 민트 향은 기분을 상쾌하게 하고 풍미가 풍성하여 식욕을 자극한다.

톡 쏘는 향미인, 후추를 연상시키는 페퍼민트는 주로 차로 이용하고 애플민트는 양고기나 쇠고기 등의 고기 요리에 민트소스로 사용하며 통조림과 감자 등의 채소요리, 디저트, 음료에도 이용하고 있다. 스피어민트는 수요와 경제성이 높아 200년 전부터 두루 이용되어 온 것으로 주로 요리의 부향제로 이용되고 셔벗, 리큐어, 껌과 사탕에 많이 이용하고 있다. 오데코롱민트는 주로 화장품과 목욕제, 포푸리 등의 향료로 사용한다.

14) oregano

오레가노는 마조람의 일종으로 와일드 마조람이라고도 명명한다. 민트 향과 톡 쏘는 향기가 특징으로 강한 박하향을 가지고 있다. 건조시켜 마른 잎으로 사용하면 향이 더 강하며 토마토소스, 치즈, 생선, 육류요리와 잘 어울린다. 토마토가 들어간 피자, 파스타, 멕시코요리, 칠리파우더, 채소요리 등 광범위하게 사용한다. 꽃이 피기 직전에 가지를 잘라 건조시켜 보관한다. 오레가노는 열을 가하여도 향이 강해서 그 향을 그대로 유지하므로 바비큐 요리에 줄기를 다져서 사용하기도 한다. 우스터소스의 주성분 중 하나이다.

15) parsley

파슬리는 지중해 연안이 원산지로 연중 수확이 가능한 허브이다. 특이한 방향 성분을 가지고 있는데 이 성분은 잎과 꽃술에 있는 휘발성 기름으로 비타민 A를 많이 함유하고 있으며 curly parsley가 최상품으로 방향 성분을 많이 함유하고 있다. 생선, 육류, 샐러드, 채소요리 등에 사용하며 가니쉬로 많이 사용한다. 잎을 건조시켜서 사용하기도 하는데 건조된 잎은 향을 많이 잃어버린다.

16) rosemary

로즈마리는 방향성 식물로 유럽이나 지중해 연안에서는 향수나 약품으로 사용해 왔으며 솔잎 모양의 허브로 상큼하고 강한 향을 지니고 있다. 프랑스, 스페인에서는 'oil de rosemary' 라 하여 로즈마리 오일 향수를 만들어 사용하고 있고 요리에서 가장 많이 사용되는 허브이다.

토마토와 달걀을 이용한 수프, 생선, 양고기, 돼지고기, 쇠고기, 오리, 스튜 등에 이용하고 스터핑과 치즈요리에 세이지와 함께 넣으면 그 향이 더욱 조화를 이룬다.

17) saffron

사프란의 생산 중심지는 스페인으로 오늘날 전 세계 소비량의 대부분을 차지하고 있다. 1kg의 사프란을 얻기 위해서는 15만 송이의 꽃이 필요하며 꽃술을 일일이 손으로 채취하여 말린 허브이므로 값이 매우 비싸다.

사프란의 의미는 아랍어로 노란색을 의미하며 아주 가는 실고추처럼 짙고 선명한 붉은 색의 허브를 미지근한 물에 담가 놓으면 노란색의 물이 나오는데 그 물을 이용하며 적은 양으로도 많은 양의 요리에 색과 맛을 낼 수 있으므로 많이 사용하지 않도록 한다.

사프란은 인도의 커리(curry), 스페인의 빠에야(paella), 프랑스의 부야베스(bouilla-baisse)에 진한 노란색을 내고 약간 쌉쌀하면서 단맛을 낸다. 소스, 수프, 생선, 쌀, 감자, 빵, 페이스트리, 차로도 많이 이용하고 있다.

18) sage

세루비아과에 속하며 향이 좋은 다년생 식물로 약간의 쓴맛과 떫은맛을 가지고 있다. 17세기에는 홍차가 보급되기 전에 세이지를 차로 많이 복용하기도 하였다. 향이 강해 육류요리, 소시지, stuffing, 가금류 등 냄새가 많이 나는 요리에 사용되어 왔고 지방을 분해, 중화시키는 역할을 해서 고기의 맛을 더욱더 상승시키는 효과가 있다.

또한 세이지는 위장에 좋고 입 냄새 제거, 목이 아플 때, 염증이 있을 때 마시면 효과가 있다. 생것과 말린 것을 사용하는데 마른 잎은 향이 더욱 진하다.

19) tarragon

타라곤은 향신료의 여왕이라 할 정도로 달콤하면서 약간은 매콤 쌉쌀한 향을 가지고 있는 허브로 여러 종류가 있으나 러시아 타라곤, 프렌치 타라곤이 대표적이다. 러시아 타라곤은 시베리아가 원산지로 1mm 정도의 씨앗을 이용하며 프렌치 타라곤은 남미가 원산지로 향미가 좋다. 프랑스요리에 가장 중요한 허브로 닭고기나 생선요리에 잎사귀만 넣어도 완전히 맛을 바꿀 수 있는 특징을 가지고 있으며 신선한 상태로 또는 말려서 사용한다. 쇠고기, 양고기, 소스, 수프, 피클, 샐러드, 토마토, 달걀요리에 사용하며 식초 제조에도 사용한다. Bearnaise sauce에 꼭 필요한 허브이다.

20) thyme

일명 사향초라고도 하는 타임은 향료나 약용식물로 오래전부터 사용해 왔으며 프랑스요리에서 많이 사용하는 허브이다. 톡 쏘는 듯한 자극성 물질이 있어 풍미가 깊은 요리에 잘 어울린다. 채소와 육류, 어패류, 달걀 등 거의 모든 요리에 잘 어울리며 부향제로 이용되고 특히 생선 비린내를 없애는 데 효과가 높다. 살균 · 방부력이 있어서 햄, 소시지, 치즈, 소스, 피자, 어패류, 토마토케첩, 피클과 같은 저장 식품의 보존제로 이용되고 그 향은 말리면 더욱더 강해져서 열을 가해도 향의 변화가 없다. 타임의 종류는 커먼 타임(common thyme), 레몬타임(lemon thyme), 크리핑 타임(creeping thyme) 등이 있는데 그 중에서도 레몬타임은 향이 아주 강하다.

2. 향신료(spice)

허브(herb)와 스파이스(spice)는 채취 부위에 따라 구분할 수 있는데 허브는 식물의 잎 또는 꽃봉오리와 같이 부드러운 부위를 신선한 형태로, 또는 말려서 사용하는 데 반해 스파이스는 식물의 씨, 줄기, 나무껍질, 뿌리 등을 통째로 또는 가루로 만들어 사용하는 것이다. 일반적으로 말린 스파이스는 허브보다 향이 더 강하므로 신선한 허브의 1/2 정도의 양을 사용하면 된다.

유럽인들이 스파이스를 본격적으로 사용하게 된 것은 로마가 이집트를 정복한 후인데 이집트는 위치상 아프리카 대륙의 더운 기후로 음식에 향신료를 많이 사용하였으며 그 당시의 가장 중요한 스파이스는 후추와 계피였다. 중세 이후에는 아랍 상인에 의해 정향과 넛멕이 중요한 스파이스로 거래되었으며 후추는 화폐로 통용될 정도였다. 이와 같이 향신료를 많이 사용한 것은 교통이 불편하고 냉장 시설이 미비하여 소금에 절인 저장육이나 건조육의 맛을 더욱 돋우어 줄 수 있는 향신료가 필요했기 때문이다. 또한 이 시대는 서양의학의 초기 단계로 썩은 냄새를 없애는 소독효과나 흥분이나 마취효과를 내기 위해 의학적인 면에서 스파이스를 사용했다. 1650년을 경계로 미 신대륙에서는 계피와 정향, 넛멕, 생강, 후추의 맛이 나는 allspice와 같은 새로운 향신료를 발견하였고 coffee, cocoa와 같은 기호식품의 섭취도 이때를 시점으로 시작되었다.

스파이스의 특이한 향은 필수 지방산의 일원인 에테르 오일(etheric oil)에서 비롯되는데 휘발성이므로 따뜻한 곳이나 습한 곳, 공기 중에 방치하면 그 향을 잃어버리므로 밀폐된 용기나 어둡고 차가운 곳에 보관하는 것이 좋다.

보통 요리에 한 가지의 스파이스를 사용하기보다는 혼합하여 사용하는 것이 한 가지 향에 치우치지 않고 여러 가지 향이 어우러져 조화를 이루므로 좋다. 특정한 향을 필요로 하는 요리를 할 경우에는 요리가 끝나는 마지막 시점에 사용하는 것이 원하는 향을 잘 얻을 수 있다.

(1) 향신료의 종류

1) allspice

올스파이스는 콜럼버스가 자메이카 섬에서 발견한 향신료로 온대지역에서 재배가 가능하고 수확량이 많아서 대중화될 수 있었고, 올스파이스의 발견으로 인해서 치솟아 오르던 향신료의 값을 내릴 수 있게 되었다.

올스파이스의 독특한 향은 정향과 넛멕, 계피, 후추 등을 혼합한 것과 비슷하여 올(all)스파이스라는 이름이 붙여졌다. 과일 케이크나 비스킷, 파이, 햄, 커리 등에 가루로 빻아서 사용하고 장시간 끓일 경우에는 그대로 사용한다.

올스파이스의 향은 주로 껍질 부분에 있으므로 말린 열매를 그대로 구입하여 두었다가 필요할 때마다 빻아서 사용한다.

2) anise

아니스는 인도와 지중해 연안, 멕시코, 미국 등에서 재배하는 파슬리과 식물로 회향과 비슷한 레몬 향을 풍기는 시고 단맛을 가진 허브이다. 아니스의 씨앗은 가루를 내어 케이크, 쿠키, 빵 등에 첨가하며 녹색의 잎은 주로 신선한 상태로 향을 내는 데 사용하거나 샐러드로 먹는다.

아니스는 리큐어로 만들어 다른 음료와 혼합하여 향을 내는 역할을 하는데 프랑스의 파스티스, 이탈리아의 삼부카, 그리스의 우조, 이집트의 아락, 터키의 라키가 그 대표적인 리큐어이다.

3) berbere

베르베르는 이디오피아의 향신료 혼합물로 매콤한 향을 가지고 있다. 마늘과 파프리카, 캐더먼, 소금, 칠리, 스타아니스, 페뉴그릭, 생강, 코리앤더 등을 섞어서 만드는 혼합물로 스튜나 수프에 사용한다.

4) caper

케이퍼는 지중해 연안, 아시아의 일부 지역에 서식하는 것으로 꽃봉오리를 말리거나 식초에 절여 사용한다. 잡목의 꽃봉오리가 벌어지기 전에 초록색의 꽃봉오리를 채취하여 식초나 소금물에 절인 것으로 봉오리가 작을수록 그 값어치가 더 비싸고 맛과 향이 더욱 좋다.

녹색의 연한 열매는 훈제연어에 꼭 같이 사용되며 닭고기 요리, 샐러드, 생선용 소스에도 사용된다. 사용 전 케이퍼를 한번 씻어 주어야 한다.

5) caraway seeds

캐러웨이 씨는 파슬리 계통의 허브로 독일, 오스트리아, 헝가리요리에 많이 사용하는 허브이다. 약간 씁쌀한 맛이 나며 아니스와 비슷한 맛이 난다. 감자요리, 보리빵, 스튜, 수프 등의 향을 내는 데 사용하며 피클과 치즈의 향신료로도 사용된다. 특히 캐러웨이 씨는 독일의 유명한 양배추 요리인 사우어크라우트에 꼭 필요하다.

신선한 잎은 파슬리와 가까운 맛이 나서 생으로 먹거나 샐러드, 수프에도 사용한다.

6) cardamom

캐더먼은 인도가 원산지로 열대지역인 아시아와 남아메리카, 태평양 군도 등지에서 생산된다. 생강과 식물의 열매인 캐더먼은 코를 찌르는 듯한 매콤한 향기와 달콤한 향기를 동시에 가지고 있는 향신료로 스칸디나비아와 동인도요리, 커리와 가람 마살라의 주재료로 사용된다. 녹색이 검은색보다 더 부드러운 향을 가지고 있으며 차와 채소, 쌀 요리에 많이 쓰인다. 디저트, 리큐어 등을 만들 때도 사용하며 커피 향과 아주 잘 어울린다.

7) clove

정향나무의 꽃봉오리를 따서 말린 것으로 꽃봉오리의 모양이 못과 같이 길고 향기가 있어 정향(丁香)이라는 이름이 붙여졌다. 향신료 중에서 가장 탁월한 살균력을 가지고 있고 방부효과가 있어 방부제, 치약, 치과용 항균제로 이용되며 육류의 누린내, 생선의 비린내 등을 제거하는 데 사용될 정도로 향이 강하다.

중국과 유럽에서는 양파에 꽂아 스튜와 수프, 햄, 돼지고기 요리에 넣어 향을 내기도 한다. 곱게 가루를 내어 반죽, 크림, 소스에 넣어 사용하고 영국의 우스터소스에 꼭 필요한 허브이다. 향이 강해서 소량만을 사용해도 그 효과가 크다.

8) cumin seeds

커민 씨는 미나릿과 식물의 씨앗으로 주로 이란과 모로코에서 생산된다. 캐러웨이 씨와 비슷한 향이 나며 강한 향과 톡 쏘는 매운맛을 지니고 있으며 통째로 쓸 때는 견과류의 향이 강하게 난다.

멕시코요리에 많이 사용하고 가루는 달걀과 감자, 쌀, 아보카도, 콩, 인도요리에 주로 사용한다. 유제품과 사우어크라우트(sauerkraut), 쿠스쿠스에 독특한 향을 내 주며 커리와 칠리 가루를 만드는 데도 사용한다.

9) fenugreek seeds

피뉴그릭 씨는 커리의 황색 염료의 첨가제나 소스의 원료로 사용되고 있다. 씨를 볶으면 maple 시럽과 비슷한 맛을 내므로 커피 대용으로도 사용한다. 감미롭고 쌉쌀한 향을 가지고 있어 채소 스튜에 사용하고 부드러운 잎은 샐러드에 사용한다.

10) galangal, galingale root, galanga

갈랑갈은 생강과 식물로 생강과 후추를 혼합한 것과 같은 향을 내는 것과 생강과 캐더먼(cardamom)을 섞은 것과 같은 향을 내는 종류로 나뉠 수 있다. 두 종류 모두 동남아시아지역에서 여러 가지 요리에 사용하는데 주로 신선한 상태로 사용하지만 말린 것 또는 가루제품으로도 사용하고 있다. 구하기가 쉽지 않으므로 갈랑갈의 맛을 필요로 할 경우 후추와 캐더먼을 혼합하여 사용하기도 한다.

11) garam masala

가람 마살라는 혼합 향신료라는 의미인데 정향과 코리앤더, 캐더먼, 넛멕, 커민, 통후추, 터메릭, 펜넬 씨 등 여러 가지 향신료를 섞어서 만든 것이다. 동남아시아, 인도요리 전문재료상에서 구입할 수 있는 가람 마살라는 인도의 커리에 많이 사용하는데 인도요리의 기본이 되는 양념이며 다양한 향신료의 조합에 따라 여러 가지 종류를 만들 수 있다. 조리가 끝나는 시점에 넣거나, 손님에게 제공되기 직전 음식 위에 뿌려서 제공하기도 한다.

12) horseradish

Horseradish root라고도 하는 홀스래디쉬는 양고추냉이로 동유럽이 원산지이며 중앙 유럽과 아시아에서 주로 자라는 겨자과 식물이다.

끝이 뾰족한 초록색의 잎은 샐러드용으로 사용되지만 주로 하얗고 큰 뿌리를 쓰기 위해 재배하고 있다.

당근보다 길고 굵고 흰색을 띠는 뿌리는 고추냉이와 유사한 매운맛을 가지고 있어서 뿌리를 곱게 갈아 소스나 생선, 육류요리에 사용하며 로스트비프와 같이 먹으면 그 맛을 더욱 풍성하게 할 수 있다.

열을 가하면 그 맛이 사라지므로 생으로 갈아서 사용하거나 건조시켜서 사용한다.

13) juniper berry

쥬니퍼베리는 이탈리아와 체코슬로바키아, 루마니아에서 자라는 삼나무과에 속하는 관목 상록수로 완두콩 크기와 비슷한 열매를 맺는다. 이탈리아에서는 첫 번째가 아닌 두 번째 수확하는 열매를 손으로 따서 최상급으로 판매하고 있다.

녹색의 열매가 검은 자주색으로 변하게 말려서 사용하며 진한 송진 냄새가 나고 달고 신맛이 난다. 사우어크라우트(sauerkraut), gin, liqueurs, cordial, cake 등에 사용하고 있다.

14) mahleb, mahaleb

마홀람은 St. Lucy's cherry라고 불리는 블랙체리나 황갈색의 향이 좋은 렌틸 콩 크기의 씨를 갈아 만드는 향신료로 매콤 달콤한 향이 난다. 중동지역에서는 제빵용 재료로 사용한다.

15) mastic

매스틱은 이집트에서 호응도가 높은 매력적이고 신비한 담황색의 향료이며 유황이라고도 불린다. 다도해에서 재배되는 아카시아 나무에서 추출한 향이 나는 끈끈하고 맑은 송진(resin)으로 껌(gum)처럼 씹기도 하고, 지중해 연안이나 중동지역에서는 잼으로 만들어 바닐라 푸딩이나 디저트 종류에 사용하기도 한다.

16) nutmeg & mace

넛멕과 메이스는 향료의 섬이라 알려진 인도네시아 몰루카 제도가 원산지로 넛멕은 육두구과의 상록 활엽교목의 종자를 말린 것인데 하나의 종자에서 두 종류의 향신료를 얻을 수 있다. 빨간 그물 모양의 껍질에 싸여 있는 검은 갈색의 종자가 넛멕(육두구)이고 빨간 그물 모양의 껍질이 메이스로 메이스는 씨의 붉은 껍질을 하루나 이틀 정도 햇빛에 말린 것이다.

단맛이 나는 요리에 주로 사용하며 메이스가 쓴맛이 적고 가격적으로 더 비싸다. 가루로 만들어 사용하면 향이 금방 사라지므로 필요할 때마다 강판에 갈아서 사용하면 향을 오래 보존할 수 있다.

푸딩이나 과자, 커스터드 등의 디저트와 수프, 육류, 생선요리의 냄새를 없애는 데 사용되고 베샤멜소스와 같은 white sauce에 주로 사용한다.

17) paprika powder

파프리카 가루는 스페인과 미국, 헝가리, 이탈리아, 프랑스 남부 등에서 생산하고 있으며 헝가리에서 생산된 것을 최고로 친다. 단맛이 나고 향기가 있는 붉은 고추인 파프리카를 말리고 갈아서 만든 가루로 헝가리에서는 오래전부터 파프리카를 장식용뿐 아니라 풍미를 더하기 위해 요리에 사용해 왔다. 케이크나 다른 요리의 마지막에 뿌려 장식용으로도 사용하고 있다.

18) pepper

후추는 동남아시아가 원산지로 덩굴나무의 열매를 채취한 것이다. 후추의 종류는 덜 익은 녹색, 조금 더 익은 검은색, 완전히 익은 흰 후추 등이 있는데 검은 후추는 익기 전 녹색 열매를 따서 햇빛에 말리면 주름이 잡히고 검은색이 된다. 흰 후추는 붉게 익은 열매를 따서 소금물에 담아 껍질을 벗긴 후 말린 것으로 흰살생선이나 화이트 계열의 수프에 사용한다. 녹색 후추는 덜 익은 초록색 열매 자체로 인도나 태국에서는 신선한 송이로 팔리기도 하고 소금물과 식초물에 담아 캔이나 병조림을 만든다.

녹색과 검은색 통후추는 수프와 육류요리, 소스 등에 사용되고 분말은 육류, 어류, 가금류, 채소 등 모든 요리에 사용한다. 가루는 향을 많이 잃어버리므로 통후추를 즉석에서 갈아서 사용하는 것이 좋다.

19) poppy seeds

양귀비 씨로 박하와 비슷한 향과 맛을 가지고 있으며 극동아시아, 네덜란드가 원산지이다. Noodle이나 pastry, filling, muffin 등에 사용하고 있다.

20) star anise

스타아니스는 중국요리에서 많이 쓰고 있는 팔각이라는 향신료이다. 목련 나무과의 열매로 8개의 각이 진 별 모양을 가지고 있어 붙여진 이름이다.

달콤하고 강한 감초 향이 나는 향신료로 주재료의 좋지 않은 냄새를 없애 주고 독특한 향기로 맛을 돋우어 준다.

중국과 말레이시아에서는 조림이나 찜에 사용하고 통째로 넣어 음식과 함께 끓인다. 향이 너무 강해 소량을 사용해야 하며 독특한 향으로 인해 디저트용 음료에 많이 쓰인다.

21) turmeric

터메릭은 강황이라고 하며 인도네시아가 원산지로 동아시아와 인도, 호주 등에서 자라며 생강과에 속하는 향신료이다. 뿌리가 노란색을 나타내며 우리나라와 중국은 울금, 심황이라 하여 약재와 염료의 재료로 쓰이고 쿠스쿠스, 피클, 수프, 달걀, 육류요리에 사용되며 단무지와 버터, 라면, 피클 등의 착색제로 이용된다. 달콤하고 강한 향을 가지며 커리와 가람 마살라의 중요 요소이기도 하다. 오래 끓이면 쓴맛이 나고 색깔이 변하기 때문에 조리 시 마지막에 넣는 것이 좋다.

22) vanilla bean, vanilla pod

바닐라 빈은 중앙아메리카의 열대 우림이 원산지이고 오늘날에는 아프리카 대륙의 마다가스카르 섬에서 생산되는 제품을 최상으로 꼽는다. 난초과의 덩굴식물로 20~30cm의 그린 빈처럼 생긴 녹색의 열매가 짙은 흑갈색으로 익고 그 안에 후추와 같이 작고 검은 씨가 들어 있다. 이 녹색의 콩깍지(pod)를 따서 끓는 물에 담가 천천히 12시간 정도 건조시켜 가공한 다음 밀폐된 상자나 주석 관에 포장한다.

천연 바닐라는 에센스, 오일, 파우더의 형태로 가공하고 초콜릿, 과자, 아이스크림, 유제품, 캔디, 리큐어 등에 주로 사용한다.

Chapter 10
식품

1. 육류
2. 어류
3. 패류
4. 갑각류
5. 곡류
6. 과일류
7. 채소류
8. 치즈

1. 육류(meats)

(1) beef

소는 1만 년 전부터 사육해 왔으며 우리나라에서 사육해 왔던 종은 인도종이 조상이고 현재 우리나라에서 사육하고 있는 종은 개량종이다.

쇠고기 판매에 있어서 USDA(United States Department of Agriculture)급 쇠고기는 최고 8등급으로 나누는데 prime, choice, select와 standard, commercial, utility, cutter, canner이다. 또한 낮은 등급의 쇠고기는 주로 갈아서 사용하거나 가공육으로 만들며 프라임급 쇠고기는 2% 정도의 소량으로 마블링이 많고 부드럽고 풍미가 풍부하지만 지방의 함량이 많다.

일반적으로 cow는 암소, bull은 수소이고 steer는 거세한 수소, heifer는 아직 새끼를 낳지 않은 어린 암소이다. 쇠고기의 부위별 특징은 아래와 같다.

부위	특징
chuck	목과 어깨 사이의 고기로 목심이라 하며 근육질이고 육질은 질긴 편이고 마블링이 많아 스테이크나 roast용으로 사용한다.
rib	갈비와 목심 사이의 매우 연한 부위로 육질이 곱고 고기의 생김이 일정하여 스테이크나 roast용으로 많이 사용한다.
short rib	LA갈비로 인해 많이 유명해진 부위로 씹을 때의 맛이 좋고 약간 질긴 질감을 가지고 있으며 뼈와 함께 요리하거나 뼈를 제거 후 사각형으로 잘라 요리한다.
brisket	가슴과 갈비 사이의 부위로 양지머리라고 한다. 질긴 질감을 가지고 있어 오래 끓이는 요리에 알맞고 육수를 얻는 데 사용하면 좋은 부위이다.
foreshank	다리의 윗부분으로 사태라 하며 근막이 있고 근육이 발달하였고 풍미가 풍부하다. 아롱사태는 사태 부위 중 가장 큰 근육 부위이며 육회로 많이 사용한다.
shortloin	등과 허리 윗부분의 갈빗대의 중간 부분으로 채끝살이라고 하는 연한 부위로 지방이 적당히 섞여 있어 매우 부드럽다. 구이나, 스테이크, 전골, 샤부샤부에 많이 이용된다.
tenderloin	등 깊숙이 중앙에 위치한 부위로 쇠고기 중 가장 연한 부위로 값도 비싸다. 스테이크, 철판구이 등에 사용한다.
round	엉덩이 부분에 위치한 우둔살로 육질의 질감이 부드럽고 지방이 적어 칼로리가 낮다. 산적이나 육포, 장조림 등에 사용한다.

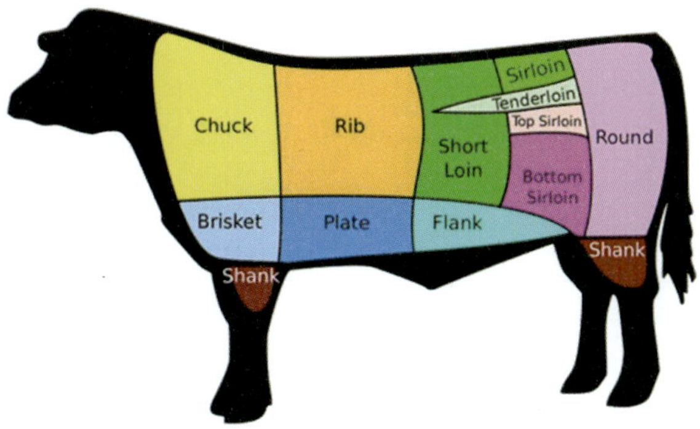

[그림 9] 쇠고기의 부위

육류의 조리법 중 가장 대표적인 것이 스테이크인데 스테이크라는 말은 구이(roast)를 의미하는 노르웨이의 옛말인 '스테이크(steik)'에서 유래되었다. 두껍게 썰어 구운 스테이크는 인류의 동물적 육식 본능을 충족시켜 주며 쇠고기는 가장 비싼 고기라는 인식과 맞물려 스테이크는 가장 고급스러운 식사로 자리매김해 왔고 18세기 런던을 필두로 종종 비프스테이크 클럽(beefsteak club)이라는 이름으로 남성 사교 모임이 생기기도 했다.

미국에서도 냉장기술의 발달과 고기의 철도 수송이 가능해진 1760년대에, 가장 돈이 많은 도시인 뉴욕에 스테이크 하우스가 생겼다.

스테이크는 석탄이나 숯, 가스를 연료로 하여 직화로 조리하는데 대표적인 조리 방법은 복사열을 이용한 그릴링(grilling)과 브로일링(broiling)으로 그릴링은 재료를 불 위에 올려 익히고 브로일링은 불 아래에서 익힌다는 차이가 있다. 직화에 고기를 굽는 바비큐는 또 다른 조리방식으로 서인도 제도의 원주민인 타이노(Taino)족이 꼬챙이에 꿴 생선을 모닥불 주변에 꽂아 조리하던 '바르바코아(barbacoa)'에서 유래한 것이며 그릴링이나 브로일링과는 달리 대류 열로 조리한다.

짧은 시간 조리하는 스테이크는 질기지 않으며 마블링(marbling)이 잘 되어 있는 부위가 좋다. 대표적인 부위가 바로 립 아이(rib eye)인데 6~12번 갈비뼈에 붙어 있는 중심 부분 살(eye)로 우리나라로 친다면 등심이다.

고기는 근육이므로 운동을 많이 하는 부위는 질기고, 따라서 스테이크로 썰어 직화로 구워 먹기에 적합하지 않다. 프랑스의 극작가이자 정치인인 프랑수아-르네 드 샤토브리앙(François-René de Chateaubriand)의 이름을 딴 샤토브리앙 스테이크는 텐더로인 부위로 소 한 마리에서 나오는 양이 워낙 적으므로 가격이 비싸다.

스테이크의 조리법을 익은 정도에 따라 분류해 보면 아래와 같다.

1) rare(bleu)

고기 내부의 온도는 따뜻하며 구운 고기의 색상은 짙고 붉은색으로 겉면만 살짝 색만 나게 굽는 것으로 잘랐을 경우에 피가 흐르는 정도이며 내부는 밝은 선홍색을 띠고 온도는 52℃ 정도이다.

2) medium rare(saignant)

rare보다 좀 더 구운 것으로 잘랐을 경우에 피가 흐르지 않아야 한다. 고기의 색상은 선명한 붉은색으로 내부 온도는 55℃이다.

3) medium(à point)

고기를 반 정도 익힌 것으로 내부의 색상은 검붉은 색을 띠고 있고 내부의 온도는 60℃이다.

4) medium well-done(cuit)

거의 다 익힌 것으로 잘랐을 경우에 가운데 부분은 옅은 붉은색을 띠며 육질은 단단하고 탄력성을 가지고 있다. 내부의 온도는 65℃이다.

5) well-done(bien cuit)

완전히 내부까지 익힌 것으로 잘랐을 경우에 완전히 익어서 핏기가 없고 회색을 띠고 있으며 육즙은 거의 없고 단단한 육질을 가지고 있다. 내부의 온도는 70℃이며 송아지와 lamb은 77℃, 돼지고기와 가금류는 85℃이다.

(2) veal

송아지고기는 송아지의 연령과 먹이가 된 사료의 종류에 따라서 그 종류가 세 분류로 나뉜다. 1개월에서 3개월 미만의 송아지를 도살한 것으로 우유로 사육한 것을 bob veal이라고 하는데 도축 시 체중이 67kg 정도로 육질이 매우 부드럽고 밝은 핑크색이다.

Special fed veal은 특수 사료를 이용해 몸무게가 160~220kg이 될 때까지 사육한 송아지로 육질이 단단하고 부드러운 조직감을 가지고 있으며 veal calf는 생후 4~12개월 정도의 송아지로 큰 송아지이며 그 무게가 146kg 정도로 조직은 붉은 핑크색을 띤다.

(3) pork

쇠고기에 비해 육색이 담홍색과 회적색을 나타내며 광택을 가지고 있다. 돼지고기의 지방은 쇠고기처럼 육질 사이사이에 마블링처럼 흩어져 있는 것이 아니라 육질과 지방이 따로따로 분리되어 있다. 용어상으로 돼지를 분류해 보면 barrow는 생후 1~2주에 거세한 수퇘지이고, gilt는 어린 암퇘지로 새끼를 낳은 적이 없다. Sow는 새끼를 낳은 암퇘지이며 stag은 성숙한 후에 거세한 수퇘지이다. Boar는 거세하지 않은 수퇘지이다.

(4) lamb

양고기는 쇠고기와 돼지고기 사이의 색상으로 진한 선홍색을 띠고 있다. 생후 1~2년 안에 도축된 양고기는 검붉은 색상을 나타내며 조직은 생후 3~5개월 된 양고기인 spring lamb보다 거칠다. 양고기는 섬유질이 연하고 소화도 잘 된다.

Hot houst는 생후 8~15주 정도 된 새끼 양으로 품질이 가장 좋다. Spring lamb은 생후 3~5개월 정도 되었을 때 도축한 양이며 양의 대명사인 lamb은 생후 1~2년 안에 도축한 양으로 육질이 부드럽고 담백한 맛을 가지고 있다. Mutton은 생후 2년 이상이 된 양고기로 육색이 진한 홍색이며 특유의 향기가 있다. 육질이 발달하여 질기고 담백하지 않다.

(5) rabbit

rabbit은 무게가 3~6kg 정도인 집토끼로 지방과 콜레스테롤이 적으므로 육질이 건조하지만 단백질과 무기질을 많이 함유하고 있다. 주로 stew와 saute에 많이 사용한다. 무게가 1~3kg 정도 되는 것은 어린 토끼로 다리와 가슴의 육질이 부드럽다.

(6) poultry

가금류는 집에서 사육하고 있는 조류로 닭, 오리, 칠면조, 비둘기, 거위 등이 있다.

1) chicken

닭고기는 육질이 연하고 글루탐산과 아미노산, 핵산 등 맛 성분이 많이 들어 있어 풍미가 많은 고기로 세계적으로 가장 많이 요리되고 있는 가금류이다. 닭고기의 부위는 다리살, 안심, 날개살, 가슴살로 나뉜다.

종류	특징
broiler	무게 1.5kg 정도의 수평아리로 broil, roast에 사용되는 닭이다.
fryer	일찍 성숙시킨 닭으로 2kg 정도의 무게이다. 튀김용으로 사용한다.
roaster	2~2.5kg 무게의 일찍 성숙시킨 닭으로 지방함량이 높아 roast에 사용한다.
stag	1.5~2kg 정도 되는 닭으로 젊은 수탉이다. 주로 roast로 사용한다.
rooster	2kg 이상의 성숙한 닭으로 braise에 사용한다.
pullet	산란하지 않은, 일찍 성숙시킨 암탉으로 roast와 fry에 사용한다.
fowl	1kg 이상의 산란하지 않은 어린 암탉을 young fowl이라 하며 깃털이 부드럽다. Broil, roast에 사용한다. Leghorn fowl은 1kg 이상의 모든 암탉으로 braise, roast 등에 사용한다. Heavy fowl은 2kg 이상의 성숙한 늙은 암탉으로 braise, stew로 이용한다.
capon	2kg 이상의 거세한 육용종 수탉으로 roast, broil에 이용하고 있다.

2) turkey

터키는 아메리카 대륙에 있던 야생 칠면조를 신대륙 발견 후 유럽으로 가져가 더욱 통통하게 만든 후 역으로 16세기에 아메리카로 가져가 개량하여 육질이 더욱 하얀 white holland 종으로 만들었는데 이 white holland 종이 최상급이다. 칠면조의 지방은 육질 사이사이에 있는 것이 아니므로 맛이 담백하고 콜레스테롤의 함량이 낮으며 소화가 잘 되고 단백질 함량도 높다.

부위별로 분리해서 판매하기도 하고 추수감사절에는 한 덩어리(whole)로 사용한다.

3) duck

오리고기는 다른 육류와 다르게 알칼리성 식품으로 포화지방산이 20%, 불포화지방산이 70% 이상이며 단백질과 철분의 좋은 공급원이다.

Fritter duck은 무게 1~1.5kg으로 8주 미만의 어린 오리이며 주로 broil, roast에 사용하는 육용종이다. Green duck은 무게 1.5~3kg으로 8~12주 정도로 일찍 성숙시킨 오리이며 roast에 사용한다. Farm duck은 무게 1.5kg 이상으로 등급에 속하지 않은 농가용 오리이다.

4) goose

오리와 비슷한 육질을 가지고 있으며 강알칼리성 식품으로 불포화지방산을 많이 함유하고 있다. 육질의 색상은 선홍색이며 간을 비대화시켜 foie gras를 생산하기도 한다.

Green goose는 2~4kg의 무게를 지닌 16주 이내의 새끼 거위로 broil과 roast에 사용한다. Young goose는 4~6kg의 무게로 1년 미만의 거위이며 roast에 사용한다. Old goose는 6kg 이상으로 braising에 사용한다.

5) pigeon

육질의 색상이 진한 적갈색으로 육질이 연하고 지방의 함량이 적다. 비둘기는 독특한 냄새를 가지고 있어 조리 시 유의해야 한다.

Young pigeon은 무게가 200~400g 정도의 6~7개월 정도 된 비둘기로 roast, broil에 사용한다. 무게 400~600g 정도의 7개월 이상 된 비둘기를 pigeon이라고 하며 braise, soup용으로 사용한다.

(7) game

Game은 야생동물인 엽수류와 야생조류인 엽조류로 나뉜다. 육질이 연하고 담백한 맛을 가지고 있으며 가을부터 겨울까지 야생의 조류들은 지방을 축적하는 성질로 인해 맛이 좋고 영양적으로 우수하다. 육질의 숙성을 위해 털을 뜯지 않은 채로 매달아 놓고 보관기간 동안 숙성시킨다. 물오리는 부패가 빨리 일어나므로 매달아 보관하지 않는다.

엽수류에는 사슴, 노루, 영양, 멧돼지, 산토끼 등이 있으며 엽조류에는 자고, 꿩, 메추리, 도요새, 야생오리 등이 속한다.

1) red deer

무게 60~120kg의 수사슴으로 나무껍질과 풀 등을 먹고 사는 초식동물이다. 다리가 길고 몸통은 짙은 갈색이다. 사슴고기는 담백하고 냄새도 없어서 유럽지역에서는 식용으로 많이 이용한다. 주로 roast와 saute, stew, soup에 사용한다.

Faon은 생후 6개월 된 젖을 안 뗀 새끼 사슴이고 hère는 1년 된 수사슴이다. Biche는 암사슴을 일컫는다. Venison은 deer family에 속하는 모든 종류의 사슴고기를 뜻하는 말로 검붉은 색 고기를 일컫는다.

2) roe deer

무게 150~250kg 정도로 높은 산이나 산림지대에 야생으로 사는 동물로 음지를 좋아하는 특성을 가지고 있다. 여름에는 노란색을 띤 갈색이고 겨울에는 올리브색을 띤 점토색을 나타낸다. 노루고기는 연하고 냄새가 거의 나지 않으므로 전골요리에 많이 사용하며 roast, saute, stew, braise에도 사용한다. 육질의 색상은 검붉은 색으로 갈비 부위가 가장 맛이 좋다. Chevrette는 암노루를, brocard는 수노루를 일컫는다.

3) chamois

영양은 무게 70~130kg 정도이며 알프스와 프랑스, 스페인의 경계지역인 피레네 산맥에 주로 서식한다. 주로 roast, saute, stew에 사용하는데 1년 미만의 노루는 육질이 연하고 1년 이상이 되면 육질이 질겨서 마리네이드(marinade)했다가 사용한다.

4) boar

멧돼지로 무게는 대략 65~150kg이다. 65kg 이하의 어린 멧돼지고기는 황갈색이며 80kg의 중간 크기는 흑갈색을 나타낸다. 80kg 이상은 나이 든 멧돼지로, 갈색이나 검은색의 거친 털을 가지고 있으며 육질의 색상은 돼지고기보다 선홍빛이 더욱 강하고 육질은 쫄깃한 맛을 내며 지방이 고루 잘 퍼져 있어 감칠맛과 담백한 맛이 난다. 주로 roast, ham으로 이용되고 당뇨병 환자에게 좋다. Tusker는 숫멧돼지를, wild sow는 암멧돼지를 일컫는다.

5) hare

멧토끼라고도 부르는 산토끼의 무게는 3~6kg으로 집토끼보다 크고 뒷다리가 길고 귀가 길다. 3~8개월 된 토끼가 가장 좋고 stew, saute에 사용한다.

6) partridge

들새과에 속하는 자고는 육질은 통통하고 하얗고 부드럽지만 냄새가 많이 난다. 무게는 340~400g 정도로 roast, broil, braise, 그리고 pie에도 사용한다.

7) pheasant

꿩은 중간 정도 크기의 엽조류로 흑해와 아시아의 늪, 산기슭에 서식한다. 암컷보다는 수컷이 더욱 아름다운 깃털을 가지고 있으며 무게 또한 암컷이 1~2kg 정도 더 나간다. 꿩의 육질은 근육질이고 건조한 육질을 가지고 있는데 암컷이 더욱 토실하고 육즙이 많고 부드럽다. 주로 roast, braise, souffle에 사용하고 있다.

8) quail

메추리는 자고새와 같이 들새과에 속하고 그 크기가 엽조류 중에서 가장 작다. 미국 메추라기의 육질의 색상은 하얀색으로 부드러운 향미를 가지고 있으며 연하다. 주로 roast, stuffing, brochette에 이용한다.

9) wild duck

야생오리는 철새이며 우리나라에는 서식하고 있지 않은 엽조류이다. 부패하기 쉬운 육질을 가지고 있으므로 바로 요리하거나 냉동 보관하여야 한다. 주로 roast, braise에 사용한다.

10) woodcock

도요새로 황갈색의 깃털을 가지고 있으며 엽조류 중에서 가장 좋은 육질을 가지고 있다. 숲 속에서 서식하는 조류로 사냥철은 4~9월이며 사냥 후 깃털을 제거하지 않고 차가운 곳에 매달아 보관하며 용도는 roast, stuffing, braise에 이용된다.

2. 어류(fishes)

(1) 해수어(sea fishes)

1) anchovy

멸치는 청어과에 속하는 해수어로 몸의 길이가 9~15cm 정도이다. 주둥이가 뾰족하고 몸통은 길며 가늘고 납작하다. 6~7월에 대서양에서 산란하며 1년 정도 올리브 오일과 식초, 소금에 절여 통조림, 병조림으로 만들고 맛은 깔끔하고 향긋하다. Dry, marined, anchovy filet, anchovy ring, paste, sandwich, anchovy butter를 만드는 데 사용한다.

2) brill

도다리는 가자밋과에 속하며 옅은 갈색의 몸통에 붉은색 반점을 가지고 있고 눈이 한쪽으로 몰려 있는 특징이 있다. 육질이 희고 맛이 풍부하며 부드러워서 조심해서 다루어야 한다. Poaching, deep fat frying에 이용되고 있다.

3) cod

대구는 북쪽 깊은 바다의 차가운 지역에서 서식하는 육식성으로 날카로운 이빨을 가지고 있으며 몸체가 길고 육질의 색상은 회백색으로 부드러워 잘 부서진다.

주로 court-bouillon을 이용해 끓이거나 blanching하며 건조한 대구는 stock cod라 하고 소금에 절인 대구는 salted cod라 한다.

4) conger eel

붕장어, 또는 아나고로 부르는 바닷장어이다. 뱀과 같이 길고 성장하는 시기는 8년이 걸리는 어류로 뼈가 많이 있는 어류이다. 주로 훈제하여 사용한다.

5) flounder

가자미로 전 세계적으로 많은 종류가 있고 한국에는 30여 종이 있다. 차가운 바다에서 따뜻한 바다까지 골고루 분포되어 있으며 심해의 바다에서 서식하고 있다. 도다리와 같은 위치에 눈이 있으며 얇고 납작한 몸통을 가지고 있고 길이는 30~40cm 정도이다. 껍질의 색상은 갈색으로 붉은색과 노란색의 반점을 가지고 배 부분은 흰색과 노란색이 퍼져 있다.

6) gray mullet

회색 숭어는 연어과에 속하는데 은빛이 나는 흰 육질을 가지고 있으며 육질이 단단하고 지방은 적당히 들어 있어 부드럽고 풍미가 풍부하다. 주로 boilling, sauteing, grilling, deep fat frying으로 이용한다.

7) haddock

은대구라고 하는 대구과에 속하는 생선으로 지중해와 북태평양에서 서식한다. 대구보다는 작으며 지방이 거의 없고 단백질이 많다. 육질이 하얗고 단단하며 맛이 좋다. 주로 stewing, sauteing, deep fat frying, smoking, 샐러드나 절임에 사용하며 포를 떠서 사용하거나 통으로 조리한다.

8) halibut

광어는 넙치과에 속하며 입이 뾰족하고 눈은 가자밋과의 반대쪽에 몰려 있다. 생선의 색깔은 윗부분은 회갈색이고 배 부분은 흰색을 나타내고 있다. 4년 정도 된 광어의 크기는 45~62cm 정도 크기로 육질이 부드럽고 지방의 함량이 적으며 맛이 있다. 북태평양과 대서양에 널리 분포하여 언제든지 포획할 수 있지만 가장 많이 포획되는 때는 3월~9월이다. 주로 poaching, fillet, deep fat frying으로 사용하고 있다.

9) herring

청어는 100여 종 이상의 종류가 있는데 가장 많이 알려진 것은 주로 북대서양, 태평양의 차가운 바다에 살고 있다. 신선한 청어는 특히 풍부한 지방을 함유하고 있어서 부드러운 질감을 가지고 있다. 청어는 은색의 생선이고 등 부분은 푸른색을 나타내며 배 부분은 은백색을 띠고 있다. 육질은 하얗고 맛이 좋아 조리에 많이 사용하고 있다. 신선한 상태의 청어는 주로 grilling, frying 등에 사용하고 훈제와 피클로도 이용하고 있는데 bloaters와 kippers는 청어를 잘게 찢어 소금에 절였다가 차갑게 훈제하는 것으로 블로터가 키퍼보다 크기가 조금 더 크다. Bismarck herring은 청어의 껍질을 벗긴 후 뼈를 제거하고 포를 떠서 식초와 설탕, 소금, 양파를 섞어 만든 용액에 담아 절이는 것이다. Rollmops는 비스마르크의 조각을 양파 또는 피클로 말아서 식초에 절인다. Schmaltz herring은 청어의 껍질을 벗기지 않고 사용하는 것으로 성숙한 고지방의 청어를 이용하여 뼈를 제거하고 포를 떠서 설탕과 식초, 소금을 넣은 용액에 넣어 절이는 것이다. Surströmming은 발효시킨 청어로 만든 것으로 불쾌한 냄새가 많이 나는 스웨덴의 대표적인 청어 가공식품이다.

Bloaters, Kippers

Bismarck herring

Schmaltz herring

Surströmming

10) lemon sole, English sole

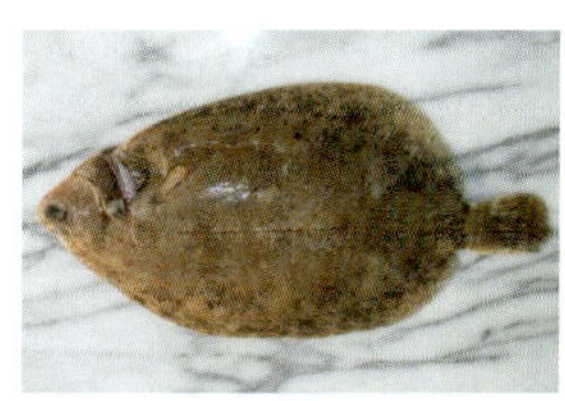

넙치과에 속하는 생선으로 미국에서 명명되는 이름이 lemon sole이다. 작은 머리를 가지고 있고 껍질이 부드러워 껍질을 제거하기가 아주 어려우며 지방의 양이 적어 맛이 담백하고 질감이 좋다. 육질이 부드럽고 연해서 저미기가 어려운 생선이다. 주로 baking, broiling, sauteing, poaching, deep fat frying에 이용하고 있다.

11) mackerel

고등어는 미국 북부, 대서양 등지에서 많이 잡히는 물고기로 육식성이다. 육질이 단단하고 지방이 많으며 조직력이 치밀한 풍부한 붉은 살을 가지고 있으며 등푸른생선으로 불포화지방산이 많다. 주로 saute, grill, oil marinade, smoke에 사용하고 있으며 소금으로 절인 것은 물에 담가 염분을 제거한 후 사용한다.

12) plaice, dab

가자밋과의 일종으로 canadian plaice라고도 불리고 있다. 대서양에서 주로 서식하는 생선으로 생선의 색깔이 붉은 색에서 회감색으로 다양하다. 생선의 크기가 작은 것이 품질이 뛰어나며 육질의 맛은 달고 지방의 함량이 적어서 부드럽고 연하다. 생선의 형태는 타원형으로 껍질이 부드럽고 붉은색을 띤 노란색의 반점을 가지고 있다. 생선을 통으로 또는 뼈를 제거하고 포를 떠서 사용하기도 하며 poaching, sauteing에 사용한다.

13) red snapper

도미는 바다 숭엇과의 일종으로 전 세계적으로 250종이 존재하며 그 중 15종이 미국 해안에 서식하고 있는데 가장 많이 알려진 품종이 red snapper이다. Red snapper는 붉은색에 분홍빛을 띠는 비늘을 가지고 있으며 눈도 붉은빛이다. 여름이 제철이며 흰살생선이고 지방함량이 적어 조직이 치밀하고 단단하다. 도미의 특징은 내장에 쓸개가 없으므로 내장까지 조리가 가능하고 주로 sauteing, grilling에 많이 사용하고 있다.

14) sand dab

혀 넙치라고도 하며 가자밋과의 일종으로 캘리포니아 남단에서 알래스카까지 서식하고 있으며 주로 태평양에서 발견되고 있다. 크기는 110~340g 정도로 그렇게 크지는 않지만 지방의 함량이 적어서 육질이 부드럽고 촉촉한 느낌

이며 육색도 하얗다. 주로 boiling, poaching, deep fat frying에 사용하고 크기가 작아 통째로 오븐에 굽기도 한다.

15) sardine

정어리는 청어과에 속하며 크기가 작아 무리지어 다니는 생선이다. 지방이 많은 등푸른생선으로 단백질도 많다. 정어리는 일반적으로 훈제를 하거나 토마토소스 등을 이용하여 통조림으로 만든다. 껍질을 벗겨서, 또는 뼈를 바르고 포를 떠서 기름에 넣어 가공하는 제품도 있다. 주로 poaching, boiling, deep fat frying 등에 사용한다.

16) skates

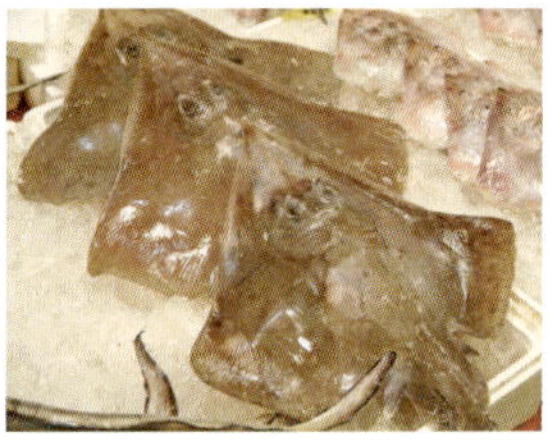

홍어는 가오릿과에 속하는 생선으로 지느러미가 넓게 펴져 있어 연과 비슷한 모양을 가지고 있다. 그 형태는 납작하고 통통한 몸통을 가지고 있으며 꼬리는 가늘고 기다란 원통 모양을 가진 연골생선이다. 요리에 주로 사용하는 부위는 날개 모양의 몸통과 가슴지느러미로 육질이 탄탄하고 흰색이며 암모니아 특유의 향을 가지고 있다. 바다 밑에 서식을 하고 있으므로 모래를 많이 가지고 있을 수 있어 조리 시 주의하여야 한다. 신선한 것은 주로 sauteing, smoking에 이용하고 있다.

17) sole

가자미로 그 모양은 타원형이며 길이는 2~3m 정도이다. 가자미 껍질의 색상은 윗부분은 회색빛 또는 옅은 갈색을 띠며 배 부분은 연한 베이지색을 띠고 있다. 가자미의 육질은 탄탄하고 맛과 질이 좋고 비늘을 쉽게 벗겨 낼 수 있다. 주로 grilling, poaching, braising, steaming에 사용하고 있다.

18) tuna

고등엇과에 속하는 참치는 육식성으로 참치는 전 세계적으로 통조림 또는 스시로 많이 사용하고 있다. 참치의 무게는 최고 500kg 정도까지 나가는 큰 생선으로 고지방의 등푸른생선이다. 육질의 맛은 부위에 따라 다양하며 풍부한 지방함량으로 맛이 부드럽고 좋다. 몸통은 붉은색을 띠고 있으며 통조림으로도 많이 이용되고 있다. 주로 sauteing, deep fat frying, smoking 등에 이용한다.

19) turbot

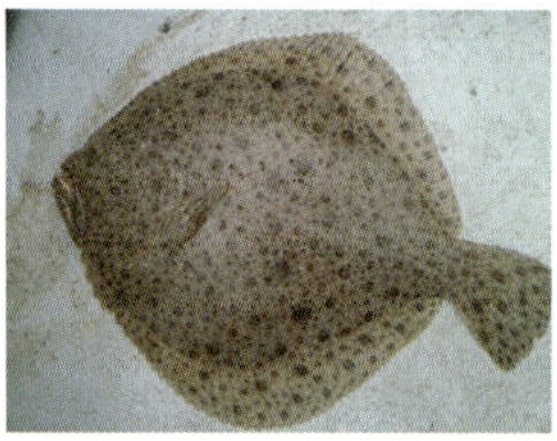

넙치는 아이슬란드와 지중해지역에서 서식하는 생선으로 육색은 하얗고 육질은 단단하며 지방의 함량이 적고 향미가 풍부하여 맛이 좋아 전 세계적으로 가장 많이 선호하는 생선이다. 4~9월에 육질이 가장 좋고 저장하기 쉬운 생선이다. 주로 boiling, grilling, poaching에 이용하고 있다.

20) whiting

명태는 대구과에 속하는 생선으로 은회색의 비늘과 등지느러미가 2개, 꼬리지느러미 1개를 가지고 있다. 육색은 하얗고 지방의 함량이 적어 단단한 조직을 가지고 있으며 맛이 부드럽다. 한국에서는 그 이름이 생태, 동태, 황태 등으로 다양하게 불리고 있는 생선이다. 주로 poaching, steaming, deep fat frying, sauteing, broiling, baking에 사용하고 있다.

(2) 담수어(river fishes)

1) barbel

돌잉어는 등은 갈색, 아랫부분은 흰색, 옆면은 갈색보다 옅은 노란색을 띠는 생선으로 긴 수염을 가지고 있다. 강 하류에 서식하고 있는 생선으로 육질은 그리 좋지 않으며 가시가 많아 먹기에 불편하다. 산란기인 5~6월에는 포획하지 않는다. 주로 튀김으로 먹는다.

2) carp

잉어는 흐르는 강물 또는 연못에 서식하고 있으며 아시아가 원산지이나 지금은 전 세계에 확산되어 있다. 맑은 물이 아닌 진흙탕을 좋아하여 특유의 향을 풍기는 육질을 가지고 있고 지방함량이 적으며 무게는 1~3kg으로 다양하다. 종류는 mirror, scale, leather의 3종류가 있으며 이들은 각각 그 생김새도 다르다. 육질이 연하여 소화도 잘 되고 겨울에 가장 살이 올라 먹기 좋다. 주로 boiling, stewing, poaching 또는 deep fat frying에 이용하고 있다.

3) eel pout

등가시치는 뱀장어의 일종으로 비늘이 없이 매끈하여 비늘을 벗기기가 쉬운 생선 중의 하나이다. 육질은 쫄깃하고 질겨서 주로 poaching, deep fat frying에 이용하고 있다.

4) eel

장어는 바닷물과 강물을 오가는 이주성 어종으로 지방의 함량이 높은 생선이며 소화하기에 어려움이 있지만 영양가가 높은 생선 중의 하나이다. 가을에 잡은 장어가 가장 최상급으로 너무 크지 않은 중간 크기가 품질이 좋다. 매끄러운 비늘은 벗겨 내고 주로 soup, deep fat frying, marinade, smoking에 사용하고 있다.

5) dace

황어는 잉엇과에 속하며 가시가 많아 먹기에 불편하지만 육색이 하얗고 맛이 있다. 주로 튀김으로 먹는다.

6) golden trout

금빛 송어는 연어과에 속하며 주로 호수에 살고 있다. 여러 가지 색의 비늘을 가지고 있는데 그 색상은 나이와 지역, 암수에 따라 다르다. 지방함량이 높아 맛이 좋고 각 지역에 따라 그 조리법도 다양하다.

7) lake trout

호수 송어는 연어과에 속하며 바닷물에 살다 다시 태어난 강으로 거슬러 올라가 알을 낳는 이주성 생선이다. 비늘은 검은색과 푸른빛을 띠며 육색은 연한 노랑에 붉은 점을 가지고 있다. 맛이 좋고 향미가 풍부하며 어릴수록 소화가 잘 된다. 주로 boiling, poaching, pan frying, grilling에 사용하고 있다.

8) rainbow trout

연어과에 속하는 무지개 송어는 캘리포니아산으로 가장 많이 선호하는 생선 중 하나이다. 맑고 깨끗한 물에 살고 있는 생선으로 그 형태는 머리부터 꼬리에 붉은 선이 그어져 있고 무지개 빛깔의 비늘이 있어 쉽게 알 수 있다. 육질이 쫄깃하기로 유명한데 먹이가 중요한 역할을 한다. 주로 튀김, pan frying, boiling, meuniere에 사용한다.

9) river trout

연어과에 속하는 바다 송어는 강물이나 냇물에 서식하는 생선으로 바다로 서식지를 옮기면 바다 송어라고 명명된다. 등이 푸른 녹색이고 비늘이 많지 않으며 그 지역에 따라 불리는 이름이 wood trout, mountain trout, stone trout로 다르게 불린다. 주로 통조림, 훈제, baking, poaching에 사용한다.

10) salmon trout

송어와 연어를 교배한 것으로 강과 호수에 살고 있는 생선이다. 모양은 연어와 비슷하여 뾰족한 주둥이를 가지고 있는데 그 모습으로 river trout와 구분할 수 있다. 유명한 어종으로 맛이 좋고 육색은 분홍색이다.

11) grayling

연어과에 속하는 살기는 강물과 개울물에 서식하는 생선으로 송어와 비슷하여 맛이 좋고 향미가 풍성하며 수분이 많다.

12) perch

농어는 북아메리카와 유럽에서 주로 서식하는 어종으로 바다와 담수를 오가는 육식성 생선이다. 날카로운 비늘을 많이 가지고 있으며 등은 녹색이고 배 부분으로 갈수록 노란색을 띠며 지느러미는 붉은색이다. 육색은 하얗고 지방함량이 적어서 담백하고 순한 맛을 가지고 있으며 단단하다. 산란기는 5~8월이고 크기는 35~50cm이며 무게는 200g~14kg 정도까지 매우 다양하다.

13) sea bass

창꼬치 농어는 농엇과에 속하며 보통 바다나 염도가 낮은 강 유역에서 서식하는 생선으로 가시가 있는 지느러미를 가지고 있는 것이 특징이다. 차가운 물을 좋아하고 튼튼한 입과 이빨을 가지고 있는 육식성의 생선으로 육색이 하얗고 연하며 수분이 많은 생선이다.

14) char

곤들매기는 연못, 호수, 강가에 살고 있는 육식성의 생선으로 몸통이 가늘고 길며 머리는 납작하고 넓다. 육질이 연하고 맛은 좋으나 가시가 많아 먹기에 불편하고 주로 pan frying, steaming, simmering, boiling, deep fat frying, stuffing에 사용한다.

15) salmon

연어는 산란기인 10~12월에는 산란을 위해 강으로 회귀하는 생선이다. 강에 살고 있는 연어는 회귀한 연어가 다시 바다로 돌아가지 못한 종으로 바다에 서식하고 있는 연어보다 맛이 부족하다. 연어의 육색은 붉은색을 나타내며 수놈보다 암놈이 더욱 맛이 있고 좋다. 주로 grilling, poaching, smoking, 또는 통조림으로 가공한다.

River salmon은 노르웨이 또는 스웨덴산의 연어를 뜻하며 silver salmon은 미국산 연어를 뜻한다.

16) sheatfish

메기는 주로 강이나 호수에 살고 있는 생선으로 무게가 많이 나가는 어종이다. 크고 넓은 입을 가지고 있고 2개의 긴 수염과 4개의 짧은 수염을 가지고 있으며 육색은 짙은 갈색을 띠고 있다. 밑바닥에서 게, 개구리, 물고기 등을 잡아먹는 육식성으로 때로는 물새도 잡아먹을 수 있는 어종이다. 크기가 작고 어린 생선일수록 씹는 맛이 좋고 주로 fillet, sauteing, deep fat frying, stewing으로 많이 사용한다.

17) sturgeon

철갑상어는 그 무게가 담수어 중 가장 무거운 어종으로 흑해와 러시아의 카스피 해역에서 서식하고 있는 생선이다. 주로 바다에 서식하고 있다가 산란 시기가 되면 담수로 이동하여 산란을 하는 이주성 어류로 깨끗한 담수어의 물에서 산란을 하고 번식하기 때문에 담수어로 분류하고 있다. 철갑상어는 옅은 회색빛의 얇고 긴 몸통을 가지고 있으며 커다란 비늘이 특징이다. 지방을 많이 함유하고 있어 맛이 달콤하고 육질이 단단하다. 주로 smoking, fish pie, pate 등을 만드는 데 사용하며 철갑상어의 알은 caviar로 가공하여 많이 이용하고 있다.

철갑상어의 종류에 따라 caviar의 종류도 달라지는데 beluga는 철갑상어 중 가장 큰 몸집을 가지고 있는 어종으로 무게 100~200kg이고 크기가 3~4m 정도 된다. 알은 상어 무게의 15~30% 정도로 채취가 가능하며 알의 모양은 다른 알보다 크고 짙은 회색을 나타낸다. Ossetra는 철갑상어의 무게가 40~80kg이며 그 크기는 2m 정도로 철갑상어의 무게 15~20% 정도의 caviar를 얻을 수 있고 색상은 황금색을 띠는 옅은 갈색으로 사람들이 가장 좋아하는 종류이다. Sevruga는 상어의 무게가 8~25kg이고 크기는 1~1.5m이며 상어의 무게 15~30% 정도의 알을 얻을 수 있다. 러시아 카스피 해에서 잡혀 러시아 철갑상어라고도 하며 알의 색은 회색을 띠고 있다.

beluga

ossetra

sevruga

18) frog's legs

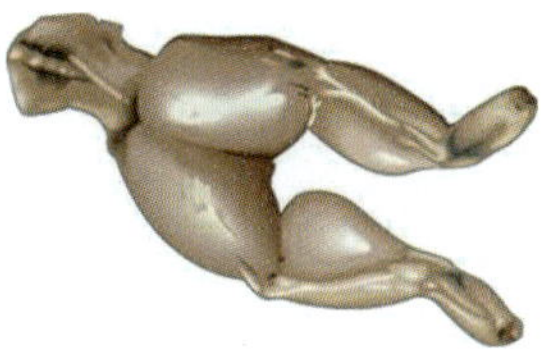

개구리 다리는 뒷다리를 주로 식용으로 사용하는데 중세부터 전해지면서 발전되어 온 요리이다. 육질은 달콤하며 닭고기와 같은 맛을 가지고 있고 통통하게 살이 오르고 육색이 핑크빛인 것이 좋다.

껍질을 제거한 후 피를 제거하고 육색을 하얗게 하기 위해 찬물에 12시간 정도 넣어 두었다가 사용한다. 주로 sauteing, frying, gratin으로 이용한다.

3. 패류(shellfish)

1) clam

대합은 껍데기가 단단한 조개로 주로 모래사장이 있는 곳이 서식지이다. 대합의 가장 큰 종류는 chowder clam으로 조개껍질의 지름이 8cm 정도를 육박한다.

대합은 동그란 껍질에 골이 파여 있는 것이 특징이다. 조갯살이 통통하며 맑은 물이 있는 것을 고르는 것이 좋다. 주로 chowder, marinade에 이용한다.

2) mussel

홍합은 많은 종류로 나누어지는데 공통적으로 그 모양이 타원형을 나타내고 있다. 주로 얕은 물의 둑에서 양식하거나 서식하고 있고 껍데기의 색상은 그 종류에 따라 녹색, 흑색, 파란색을 나타낸다. 육색은 일반 조개보다 진하고 육질이 질기지만 맛이 좋고 단맛을 가지고 있다. 주로 marinade, jelly, pie, stewing에 사용하고 있다.

3) oyster

굴은 천연과 양식으로 나누는데 수천 년에 걸쳐 인기 있는 패류 중의 하나이다. 3~4년 정도 되고 4~9월에 수확하는 굴이 최상급이다. 울퉁불퉁하고 딱딱한 껍질은 회색과 베이지색을 띠며 그 안에 신선한 우유 빛깔의 육질이 들어 있어 생으로 먹거나 레몬즙을 짜서 전채로 사용한다. 주로 baking, frying, soup, pie, stewing, stuffing으로 이용한다.

4) scallop

가리비는 펼쳐진 부채 모양의 껍질을 가지고 있으며 그 껍질은 장식용으로 많이 사용하고 있다. 육즙이 풍부하며 육질이 단단하고 쫄깃한 맛을 가지고 있으며 주로 pan frying, sauteing에 사용한다.

5) snail

달팽이는 그 종류가 100여 가지로 전 세계에 퍼져 있다. 식용으로 사용하는 종류는 크게 두 종류로 mash snail과 land snail이며 식용종이 그렇게 많지 않다. 달팽이가 서식하는 장소는 프랑스의 Bourgogne, Bretagne, Languedoc으로 이 지역은 포도주의 유명한 생산지이다.

달팽이는 가을에 가장 맛이 좋으며 수확한 달팽이에 소금과 식초, 밀가루를 뿌려 두면 유해물질을 토해 내는데 그 후 blanching하여 껍질을 제거하고 백포도주, bouquet garni, 소금, 레몬, beef stock을 섞어 2시간 정도 끓여 준다. Snail á la Bourgignonne는 유명한 달팽이 요리로 껍질에 달팽이를 넣고 snail butter를 만들어 넣은 다음 오븐에서 구워 snail plate에 올려 제공한다.

4. 갑각류(crustacea)

1) crab

게는 10개의 다리 중 2개의 집게발을 가지고 있는 갑각류로 육식을 하며 연안의 바위틈에 살고 있다. 몸통을 중심으로 각각 5개씩의 다리를 나누어 가지고 있으며 몸통은 칼슘이 축적되어 딱딱한 껍질로 되어 있다. 육질은 탄탄하고 거칠며 부패가 잘 되므로 수확 즉시 바로 요리하는 것이 좋고 주로 steaming, boiling, frying, sandwich, 통조림으로 이용한다.

2) crayfish

민물가재는 연못, 호수, 강의 칼슘이 풍부한 깨끗한 물에서 주로 서식하며 크기가 작은 바닷가재를 닮았다. 그 크기는 8~15cm 정도이고 무게는 57~227g 정도이다. 게와 마찬가지로 다리는 10개이고 2개의 집게발이 있으며 몸통을 중심으로 반으로 나뉘어 분포되어 있다. 육질은 수질의 청결도와 먹이에 따라 달라지지만 육즙이 많고 달콤하다. 스칸디나비아 반도, 미국의 미시시피 연안, 프랑스, 뉴질랜드에서 많이 잡히는데 미국의 미시시피는 민물가재 도시라는 별칭을 가지고 있을 정도이다. 찬요리, 더운 요리, 그리고 hors d'œuvre에 사용한다.

3) lobster

바닷가재는 관절과 딱딱한 껍질, 10개의 다리 중 2개의 집게발을 가지고 있다. 바닷가재의 껍질은 여러 가지 색상의 반점과 녹색, 파란색, 붉은색을 포함한 갈색으로 되어 있고 이 껍질은 열을 받아 익으면 붉은색으로 변한다.

육질은 풍미가 풍부하고 맛이 있어 최고의 가격을 받을 수 있으며 박테리아의 번식이 빨라 산 채로 구입하는 것이 좋다. 더운 요리, 찬요리에 두루 사용한다.

4) spiny lobster, rock lobster

바닷가잿과에 속하는 종으로 지중해, 덴마크, 노르웨이 해안에 살고 있으며 바닷가재보다 크기가 작고 핑크빛을 띠고 있으며 작은 두 개의 집게발을 가지고 있다. 육질은 바닷가재처럼 풍미가 풍부하고 맛이 좋으며 주로 frying, grilling, boiling에 사용한다.

5) prawn

바닷물에서 민물로 알을 산란하기 위해 이주한 종으로 바닷가재와 새우의 중간 종이라 할 수 있다. 새우보다 더 긴 촉수와 좁은 머리, 몸통을 가지고 있으며 바닷가재처럼 집게발은 가지고 있지 않다. 보랏빛을 띠는 껍질에 노란색 반점을 가지고 있으며 속살은 투명하고 맛이 매우 좋으나 육즙은 바닷가재처럼 풍부하지 않다.

열을 가하면 껍질이 붉은색으로 변하고 형태가 오그라들기 때문에 꼬챙이에 끼워 모양을 잡아 준다. 찬요리, 더운 요리에 두루 이용하고 있다.

6) shrimp

새우는 대서양, 태평양, 멕시코만 연안의 모래 해안에 주로 서식하고 있다. 차가운 수온에서 사는 것과 따뜻한 수온에서 사는 새우로 나누는데 차가운 수온의 새우가 따뜻한 수온의 새우보다 크기가 작고 수분을 더 많이 함유하고 있으며 긴 촉수와 10개의 발을 가지고 있고 집게발은 가지고 있지 않다. 껍질의 색깔은 종류에 따라 다양한데 갈색, 적갈색, 보라색, 녹색, 회색 등 여러 가지 색깔과 줄무늬나 점등이 있으며 열을 가하면 붉은색으로 변한다. 육색은 하얗고 투명하며 맛이 좋고 단맛이 많이 나는 특징을 가지고 있다. 바로 잡아 신선한 새우는 배에서 바로 blanching하는 과정을 통해 박테리아의 번식을 억제하고 냉동제품, 신선한 것, 껍질이 있는 것, 없는 것 등 다양하게 구입할 수 있다.

7) squid, ink fish

연체동물에 속하는 오징어는 calamari라고도 부르며 갑오징어처럼 짧은 종은 cuttle fish라고도 한다. 아시아와 지중해 요리에 많이 사용하고 몸통이 길고 가늘며 다리가 10개이다. 약 450~500종이 전 세계적으로 분포되어 있으며 한국에는 10여 종이 서식하고 있다. 육질은 단단하고 쫄깃쫄깃하며 단맛이 나고 육색은 하얗다. 주로 회로 먹으며 통조림이나 (반)건오징어, 피클 등으로 가공한다.

5. 곡류(grains)

1) adlay

율무는 볏과에 속하는 1년초로 온대지역에서 재배하고 있으며 입으로 깨물었을 때 이에 붙는 율무가 좋은 것이다.

2) barley

인도의 인더스 강 유역에서 중국의 산간지역으로 전해진 보리는 중국을 통해 우리나라에 들어왔다. 2조종 보리와 6조종 보리로 분류되는데 2조종은 맥주 제조와 엿기름을 만들어 엿, 감주 등의 원료로 이용한다.

압맥은 보리를 고열 증기로 쪄서 부드럽게 한 후 롤러로 눌러 만든 것이고 할맥은 보리 원맥을 도정한 후 낱알을 세로로 쪼개어 쪄서 건조한 다음 2차 도정한 것이다.

3) buckwheat

메밀은 쌍떡잎식물과로 알갱이가 삼각형 모양을 하고 있다. 배유에는 S자 형으로 어린잎이 접혀 있고 겉껍질은 흑색과 갈색으로 단단하며 벗겨지기 쉽다.

메밀은 주로 냉면, 막국수, 메밀묵, 메밀부침, 전병에 사용하고 있다.

4) chickpea, chick-pea

일명 병아리 콩이라고 하며 지중해지역이 원산지이다. 중동지역에서 수프, 스튜, 샐러드에 많이 사용하며 볶아서 간식으로 먹는다. Ceci, garbanzo bean이라고 한다.

5) corn

옥수수는 아메리카 인디언들이 주식으로 이용했던 곡물로 5~9월이 수확기이며 팝콘용, 식용, 사료용 등 그 종류가 다양하다. 주로 soup와 salad에 이용하고 있으며 baby corn은 통조림으로 가공한다.

6) green beans

String bean이라고도 하는 줄 콩이다. 덜 자란 어린 콩을 수확하는 것으로 안에 씨가 들어 있고 길고 얇은 초록색의 콩으로 부드럽고 향이 좋아 hot vegetable로 많이 사용한다.

7) green garden peas, English peas

완두콩은 녹색의 작고 동그란 콩으로 soup나 hot vegetable, 통조림에 사용한다.

8) lentil

렌틸은 오래전부터 식량으로 이용하여 왔으며 주로 수프에 사용하는, 짙은 녹색의 팥알 크기의 콩이다.

유럽, 아시아, 북아프리카에서 주로 생산하고 있으며 단백질, 비타민 B, 철분 등이 풍부하다.

9) lima bean

리마 콩은 중앙아메리카 페루가 원산지이며 주로 아메리카 대륙에서 사용하고 있다.

주요 생산국은 미국으로 대부분 건조시켜 판매하고 있다. 초록색의 콩이 점점 익어 가면서 주황색이 되며 매끈한 질감을 가지고 있고 껍질에 가느다란 선이 있어 구별하기가 쉽고 밝은 미색이다. 신선한 상태로 먹으며 주로 생선요리, hot vegetable, 통조림으로 이용한다.

10) oat

귀리의 원산지는 지중해 연안과 아르메니아를 중심으로 한 중앙아시아이며 주로 캐나다, 유럽, 호주, 미국에서 생산되고 있다. 귀리를 갈아서 가공한 오트밀은 서양에서 아침식사 대용으로 이용하고 있다.

11) snake bean

차이니스 빈(Chinese bean)이라고도 하는 이 콩은 길고 좁은 형태를 가지고 있으며 그린 빈(green bean)처럼 콩깍지 채로 조리하여 먹는다. 음식에는 길이가 길어서 매듭을 지어서 제공하기도 한다.

6. 과일류(fruits)

1) almond

아몬드는 지중해 연안 터키가 원산지로 지금은 캘리포니아 지역에서 가장 많이 재배하고 있으며 단맛을 내는 종과 쓴맛을 내는 종으로 나눌 수 있다. 단맛이 나는 종은 주로 제과에 사용되며 쓴맛이 나는 종은 주로 리큐어나 시럽에 사용하고 있다. 가운데 있는 핵과 기름에 청산이 함유되어 있는데 청산은 가열하면 그 독성이 사라진다.

2) apple

사과는 온난한 지역에서 많이 생산되는 과일로 신맛과 단맛을 복합적으로 가지고 있다. 종류가 매우 많으며 주로 9~11월에 수확한다. Pie나 beignet, chutney, sauce에 많이 사용하고 있다.

3) avocado

아보카도는 미국, 남미, 이스라엘, 이탈리아 등에서 재배하는 열대 과일로 녹색의 열매였다가 익으면 짙은 보라색으로 바뀐다. 잘 익은 아보카도는 반으로 잘라 씨를 제거한 후 껍질을 벗기고 디저트나 소스, 캘리포니아 롤에 사용한다.

4) apricot

살구는 온난지역에서 많이 생산되는데 특히 중국에서는 4000년 이상 재배해 왔으며 지금은 캘리포니아 지역에서 주로 재배하고 있다. 복숭아보다 작은 크기로 노란 크림색에서 짙은 주황색을 띠는 과일로 가운데 씨를 가지고 있다.

씨 속에는 핵이 있어 과자나 liqueur, confection에 사용하고 있다.

5) banana

바나나는 열대지역에서 생산되는 과일로 냉장 보관을 하게 되면 변색되므로 15~20℃의 온도에서 보관하는 것이 좋다. 당도가 높은 과일이며 잎은 중남미나 멕시코, 동남아시아 등에서 그릇 대신 사용한다. 주로 pie filling, fresh fruit, 그리고 분말로도 사용한다.

6) cherry

체리는 단단하고 둥근 모양을 한 열매로 작고 부드러우며 신맛과 단맛이 나는 두 종류가 있다. 신맛이 나는 체리는 griotte라고 하며 타르트에 많이 사용하고 설탕과 함께 pie, pastry, filling으로 사용한다. 단맛이 나는 체리는 acerola라고 하여 주로 신선한 상태로 사용하거나 병조림하여 캔디나 제과용으로 사용한다.

7) coconut

야자나무의 열매로 야자유를 짜며, 과육과 배젖을 말려 코프라(copra)를 만든다. 열매 속에는 달콤한 코코넛 밀크액이 들어 있다.

8) currant

커런트는 berry의 일종으로 붉은색과 하얀색, 검정색의 세 종류가 있다. Black currant는 cassis라고 하는데 부르고뉴 지역에서 생산되는 리큐어인 crème de cassis의 주재료가 되며 이밖에도 preserves, syrup을 만드는 데 사용한다. 붉은 커런트는 생으로 먹거나 sauce, dessert, preserves(bar-le-duc)를 만드는 데 사용한다.

9) cranberry

크랜베리는 시고 떫은맛이 나는 작은 열매로 북아메리카 지역, 북부 유럽지역에서 주로 재배하고 있고 10~12월에 수확한다. 크랜베리소스는 터키요리와 잘 어울리며 주로 preserves, beverages, cake, ice cream을 만드는 데 사용하고 건조시켜 제과에 많이 사용한다.

10) date

대추야자는 덥고 건조한 지역인 중동과 지중해지역이 원산지로 야자나무에 송이로 열리는 대추이다. 껍질이 얇고 단맛이 나며 타원형이고 노란색에서 검정색까지 다양한 색을 가지고 있다. 대추야자 그대로 요리에 사용하거나 말려서 돼지고기와 같이 요리한다. 데글레 누루(deglet noor)라는 반건조 대추야자를 만들어 디저트로 사용한다.

11) fig

무화과는 아시아와 아프리카지역, 지중해 연안이 원산지로 그 종류만도 수백 종이다. 무화과는 꽃봉오리라고 할 수 있으며 무화과 안의 작은 씨앗들은 꽃술이다. 과육이 부드럽고 껍질은 두툼하지만 부드러워 쉽게 벗겨 낼 수 있다.

상처가 쉽게 나서 보관상 주의가 필요한 과일로 주로 디저트에 사용한다.

12) gooseberry

구스베리는 그 종류가 다양하여 500여 종에 이르고 녹색, 노란색, 흰색, 붉은색 등 색깔도 다양하며 신맛이 난다. 생으로 먹거나 말려서 먹기도 하고 preserve와 제과에 주로 사용하며 sauce로 만들어 거위요리와 함께 제공한다.

구스베리 / 롱간베리 / 라즈베리

13) grapefruit

자몽은 오렌지와 pomelo를 교잡한 열대성 과일로 자메이카가 원산지이며 캘리포니아와 플로리다, 텍사스에서 많이 생산하고 있다. 씨가 있는지 없는지에 따라 2종류로 구분하는데 오렌지색에 흰색 과육과 짙은 분홍색에 붉은 과육을 가진 종으로 나눈다. 비타민 C의 좋은 급원이며 주로 juice와 appetizer, salad에 사용한다.

14) grape

포도는 건조하고 척박한 땅에서도 잘 자라는 나무로 송이로 열매를 맺으며 색깔은 밝은 녹색에서부터 검정에 이르기까지 다양하다. 용도별로 와인용과 디저트용, 건포도용, 통조림용으로 구분하며 잼과 젤리로 가공한다. 포도의 저장 온도는 1℃ 정도가 적당하다.

15) kiwi, kiwi fruit

키위는 중국 양자강 연안이 원산지였으나 20세기 초 선교사들에 의해 뉴질랜드로 전해져 오늘날 전 세계에서 소비되는 키위의 대부분이 뉴질랜드와 호주에서 재배하는 것이다. 양다래라고도 하며 딸기와 바나나, 복숭아의 복합적인 맛을 가지고 있는 과일로 fresh fruit, ice cream, salad 등에 사용하며 Chinese gooseberry라고도 부른다. 키위를 개량한 골드키위는 속살은 노랗고 중심부가 흰색이며 단맛이 강하다.

16) lemon

레몬은 아시아 남부가 원산지로 시트르산을 함유하고 있어 비타민 C가 풍부하다. 덜 익은 녹색의 과일을 수확하여 2~3주간 49℃ 정도의 높은 온도에 저장하여 노란색으로 익힌다. 생선요리에서 냄새와 잡미를 없애 주는 역할을 하며 차(tea)로도 많이 사용한다.

17) lime

라임은 구연산을 함유하고 있으며 레몬과 모양은 비슷하지만 그 색상은 녹색이고 레몬보다 작다. 음식 맛을 돋우어 주며 맥주에도 혼합하여 음료를 만드는 데 사용하고 juice와 sherbet을 만들 때도 많이 쓴다.

18) litchi

리치는 5~6월에 수확하는 과일로 빨간색의 울퉁불퉁한 껍질을 가지고 있으며 껍질 안에는 둥글고 연한 과육이 들어 있다. 단맛이 강하고 과즙이 많으며 과육의 색깔은 흰색이고 말리면 갈색으로 변한다.

19) mango

망고는 인도가 원산지인데 오늘날은 캘리포니아, 플로리다 등 온난지역에서 주로 재배하고 있다. 얇은 껍질을 가지고 있으며 녹색, 노란색, 붉은색 등 여러 가지 색깔을 가진 종류로 나뉜다. 향이 강하고 부드러운 과육을 가지고 있다.

과육의 중앙에 큰 씨앗이 있어 칼을 이용해 씨앗으로부터 망고의 과육을 분리해야 한다. Mango chutney는 덜 익은 망고 열매로 만드는 소스로 디저트에 사용한다.

20) melon

멜론은 단맛이 강하고 향이 강한 과일로 박과 식물이다. Muskmelon과 watermelon의 두 종류가 대표적인데 muskmelon은 시즈오카멜론이라고도 하고 watermelon은 프랑스지역의 이름인 샤량테 멜론이라고도 한다. 껍질이 두껍고 과즙이 많아 부드러우므로 appetizer와 디저트에 사용한다.

21) orange

오렌지는 동남아시아에서 유래되었으나 오늘날은 캘리포니아, 스페인, 포르투갈 등 열대지역에서 재배하고 있다. 비타민 C가 풍부하고 껍질을 이용해 marmalade를 만든다.

22) olive

올리브는 지중해 연안이 원산지로 크기가 작고 씨가 들어 있으며 22%의 지방을 함유하고 있어 올리브 오일을 추출해 낼 수 있다.

Olive-oil은 유기농법으로 재배하여 1차 압착으로 얻은 최상급의 오일인 organic virgin olive oil과 1차 압착으로 얻은 상등급의 오일인 extra virgin olive oil, 엑스트라 버진 올리브 오일을 얻은 후 정제공정을 통해 얻은 중등급의 오일인 virgin olive oil, 그리고 버진 올리브 오일을 얻은 후 정제공정으로 얻은 중등급 오일인 pure olive oil, 질이 낮은 오일을 화학적으로 정제한 ordinary olive oil로 나눌 수 있다. 열매는 녹색인데 익으면 검정색으로 변하며 소금물에 넣어 가공하기도 한다.

23) papaya

파파야는 아열대 기후 지역에서 재배되고 있는 나무로 원산지가 열대 아메리카이다. 연중 수확이 가능한 파파야는 육즙이 많고 단맛과 신맛을 함께 가지고 있는 과일로 가운데 공간에 검은색의 씨앗들이 채워져 있는데 먹을 수가 있으나 약간 매콤한 맛이 난다.

파파야 열매는 부드럽고 얇은 껍질을 가지고 있으며 익지 않은 녹색에서 점점 노란색으로 변해 간다. 덜 익은 녹색의 파파야는 수프나 샐러드로 이용하고 cocktail과 음료수 등을 만드는 데 사용한다.

24) passion fruit

패션 프룻은 열대지역에서 재배하는 덩굴 과일로 브라질이 원산지이다. 녹색에서 익으면 껍질이 보라색이 되며 반으로 자르면 황금색의 과육이 눈물 모양으로 검정색의 씨앗을 덮고 있다. 향이 좋아 제과와 음료, 디저트, 향수 등에 이용하고 있다.

25) peach

복숭아는 약 3000년 전부터 전해 내려 온 과일로 중국이 원산지이다. 과육의 색깔이 흰 것은 백도, 노란 것은 황도라 하며 과즙이 풍부하고 향이 좋다. Nectarine도 복숭아의 일종이다. 주로 디저트에 많이 이용한다.

26) pear

배는 그 종류가 다양하여 전 세계적으로 500종에 이르고 모양도 동그란 모양에서 종(bell) 모양으로 다양하다.

덜 익은 배는 녹색으로 익어 가면서 주로 노란색과 황금색을 나타내지만 붉은색으로 변하는 배도 있다. 향기가 좋고 부드러우며 비타민 A가 풍부하고 통조림, 병조림으로 많이 가공한다.

27) persimmon

감은 타닌을 많이 함유하고 있으므로 덜 익은 감은 떫은 맛이 강하지만 익어 갈수록 단맛이 나며 과육도 통통하고 부드러워지며 투명한 밝은색으로 변해 간다. 불어로 kaki라고도 한다.

28) pineapple

파인애플은 난초과 식물로 중남미와 서인도 제도의 열대 지방이 원산지로 가장 많이 재배하고 있다. 솔방울을 닮아 이름이 지어졌으며 잘 익은 파인애플은 노란색이고 알로에처럼 생긴 잎을 가지고 있다. 과즙이 풍부하고 향이 좋으며 새콤달콤한 맛이다. 파인애플즙은 연육 작용을 하므로 돼지고기 요리에 소스로 첨가하거나 디저트와 통조림용으로 많이 사용한다.

29) pomegranate

석류는 아시아의 전 지역과 지중해 연안, 캘리포니아 지역에서 재배하고 있다. 자몽처럼 크며 껍질은 단단하고 두꺼운데 그 안에는 붉은색의 작은 과육과 씨앗들이 들어 있다. 과즙으로 둘러싸여 있는 씨앗은 칼륨과 비타민 C를 많이 함유하고 있다. 주로 샤벳과 디저트에 이용하고 있고 음료로도 많이 가공하고 있다.

30) pistachio

피스타치오는 터키와 이란, 캘리포니아에서 재배하고 있는데 이란산을 최상급으로 꼽는다. 껍질은 황갈색이고 그 안에 녹색의 핵과가 들어 있는데 잘 익은 피스타치오는 황갈색의 껍질이 저절로 벌어진다. 주로 제과에 이용하고 있고 sausage에도 첨가한다.

31) plum

자두는 매끈하고 다양한 색깔의 껍질을 가지고 있으며 과육 속에 씨앗이 있는 핵과류이다. 종류가 다양한데 prunes은 말리기 위해 재배하는 품종이고, mirabelle은 노란색의 자두와 비슷하며 호두 정도의 크기로 타르트와 kirsh의 원료로 사용한다. 일반적으로 자두는 pudding과 jelly, jam 등을 만드는 데 사용한다.

32) quince

모과는 아시아와 지중해 지방에서 많이 사용해 온 과일로 덜 익은 모과는 녹색이지만 익어 가면서 노란색으로 변한다. 떫은맛을 많이 가지고 있으며 수분함량이 적고 신맛이 난다. 향기가 좋아 설탕과 함께 차로 이용하거나 절임용으로 쓴다.

33) raspberry

산딸기는 berry 종류 중에서 가장 작고 향과 맛이 진한 종으로 검은색, 붉은색, 노란색으로 나누는데 붉은색의 산딸기를 많이 이용하고 있다. 산딸기는 쉽게 물러질 수 있으므로 보관이나 운반에 주의하여야 하며 잼과 젤리, 파이를 만들 때 쓴다.

34) strawberry

딸기는 장미과에 속하며 미국이 원산지인데 미국과 유럽에서는 오래전부터 야생에서 자라던 과일이다. 붉은색으로 과육이 부드럽고 육즙이 많으며 달고 향기가 좋다. 크기와 모양, 색상이 다양하고 와인과 디저트, 잼, 젤리로 이용한다.

35) tangerine

모로코의 Tangier라는 도시에서 그 이름이 유래된 귤은 오렌지와 같이 알알이 과육으로 되어 있으나 오렌지보다는 크기가 작고 껍질이 부드러워 제거하는 데 훨씬 수월하며 mandarin이라고도 한다.

7. 채소류(vegetables, legumes)

1) artichoke

아티초크는 엉겅퀴과 식물로 캘리포니아 중부지역에서 주로 재배하고 있으며 3~5월에 수확한다. 아티초크는 꽃봉오리로 크고 두툼한 꽃잎을 하나씩 떼어 내고 heart 부분을 버터로 조리해서 먹으며, bottom 부분은 주로 통조림으로 만들어 stuffing에 사용한다. 이탈리아의 대표적인 채소이며 salad와 hot and cold vegetables로 사용한다.

2) asparagus

백합과에 속하는 아스파라거스는 white asparagus와 green asparagus 두 종류가 있다. 밑동 부분은 단단하고 섬유질이 많아 섭취하기가 어려우므로 분쇄기에 갈아서 수프에 사용한다. 어린 가지일수록 부드러워 먹기가 좋다. 끓는 소금물에 4~6분 정도 blanching한 후 찬물에 식힌 다음 에피타이저나 샐러드에 사용하며 hollandaise sauce와 함께 제공한다.

유럽에서 즐겨 먹는 white asparagus는 광합성으로 인해 녹색이 되지 않도록 땅속에서 키우는 것으로 단맛이 좀 더 강하고 부드럽다. 주로 에피타이저, 샐러드에 사용하며 hollandaise sauce와 함께 제공한다.

3) beet, beetroot

비트는 진한 붉은색과 보라색의 뿌리채소로 단단해서 조리시간이 많이 필요하지만 껍질은 연하다. 철분이 풍부하여 임산부의 빈혈 방지 식품으로 좋다. 주로 피클과 샐러드에 사용한다.

4) Belgian endive

치커리와 같은 과에 속하는 엔다이브는 벨기에의 채소로 Belgian endive라고도 불린다. 배추와 비슷한 모양으로 연한 노란색 잎들이 겹겹이 뭉쳐 있는 모양을 하고 있으며 쌉싸름한 맛이 나고 질감은 아삭하다. Cold and hot vegetables와 salad로 사용한다.

5) broccoli

이탈리아가 원산지인 브로콜리는 겨자과 식물인 양배추의 변종이다. 딱딱한 줄기는 사용하지 않고 꽃 부분만 사용한다. 녹색과 보라색의 두 종류가 있는데 보라색 브로콜리가 풍미와 비타민 C가 훨씬 풍부하다. Soup와 샐러드에 사용한다.

6) brussels sprouts

브뤼셀 수프라우트는 16세기부터 벨기에에서 재배한 양배추의 일종으로 지름이 2~4cm 정도의 탁구공과 비슷한 모양이다. 녹색이고 큰 것보다 작은 것이 단맛이 많으며 roasted meats의 가니쉬로 제공한다.

7) carrot

당근은 파슬리과에 속하는 뿌리채소로 생으로, 또는 익혀서 먹는 채소이다. 식용하는 뿌리 부분이 갈라진 것은 수확시기를 놓친 것이고, baby carrot은 연하지만 숙성이 덜 되어 맛이 부족할 수 있다. 주로 vichy, chateau 모양으로 다듬어 hot vegetables로 곁들이고 soup와 salad에도 많이 사용한다.

8) cauliflower

꽃양배추는 양배추의 일종으로 콜리플라워라고 한다. 흰색과 보라색, 녹색 중에서 흰색이 대중적이며 꽃 부분이 부드럽고 생으로, 또는 익혀서 먹는다. 철분과 비타민 C가 풍부하며 soup와 cold and hot vegetable로 사용한다.

9) celery

셀러리는 오래전에 약으로 사용하였던 채소로 독특한 맛과 향이 있는 채소이다. 긴 줄기와 잎이 다발로 모여 자라나며 각각의 줄기는 아삭하고 섬유질이 많아 변비에 좋은 채소이다. 주로 relish, salad, 생선요리, stew, braising에 사용한다.

10) chicory

치커리는 쓴맛이 강하며 잎을 이용하는 꽃상추인데 뿌리는 건조시켜서 차나 음료로 이용한다. 여러 종류가 있는데 샐러드와 쌈 채소로 많이 사용한다.

11) Chinese cabbage

배추는 여러 가지 이름으로 불리는데 napa cabbage, wong bok, Peking cabbage라고도 불린다. 배추는 비타민 A와 C가 풍부한 채소로 생으로 먹거나 sauteing, 또는 절여서 사용한다.

12) cucumber

오이는 조롱박류의 채소로 길고 가는 원형이며 겉면은 우툴두툴한 육질로 쌓여 있다. Soup와 salad, pickle에 사용한다.

13) eggplant

가지는 인도가 원산지로 guinea squash라고도 불리는 가짓과 식물이다. 표면은 매끈하며 진한 보라색에서 검정색을 띠고 있고 긴 원통형으로 8~9월에 수확한다. Hot vegetable에 주로 사용하는 가지의 특징은 조리 시 다른 재료의 냄새를 잘 흡수한다.

14) fennel

회향은 뿌리와 가까운 줄기는 셀러리와 같은 형태이고 잎부분은 당근 또는 파슬리와 비슷하게 생겼다. 넓은 줄기는 생으로, 또는 샐러드에 사용하는데 향은 아니스와 비슷하나 더 달고 부드럽다. 뿌리인 구근은 익혀서 사용하고 잎은 가니쉬로 이용한다. 회향은 주로 생선요리, hot vegetables, sauce에 사용한다.

15) Italian parsley

일반 파슬리보다 잎이 납작하고 짙은 녹색이며 향이 강해서 신선한 상태로 향을 내는 데 많이 사용한다. Flat leaf parsley라고 한다.

16) ladies' fingers, gombo, okra

오크라는 아프리카가 원산지로 아욱과의 열매이다. 녹색의 꼬투리로 아스파라거스와 비슷하게 약간 쌉쌀한 향이 나며 길고 가는 손가락 모양을 하고 있다. 5~10월이 제철로 단단하며 선명한 녹색을 띠고 있는 것이 신선한 것이다. 점액질을 가지고 있어서 liaison으로도 사용하며 토마토와 잘 어울리므로 함께 요리한다. Soup, stew, hot vegetable 조리 시 사용한다.

17) leek

대파는 지중해 연안 국가에서 전해진 것으로 마늘, 양파와 관련이 깊은 채소이다. Leek는 아시아지역의 대파와 그 형태가 다른데, 파 잎이 납작하고 넓으며 두텁고 잎 안이 비어 있지 않다.

18) lettuce

상추는 지중해가 원산지로 수백 개의 종류로 나누어진다. 유럽과 미국에서 사용하고 있는 품종인 butterhead와 가장 많이 재배하고 있는 crisp head, 시저 샐러드에 많이 이용하며 줄기 부분이 좀 더 바삭하고 즙이 많은 romaine 등이 있다. 모두 녹색의 채소로 부드럽고 쉽게 물러지는 특징을 가지고 있다.

19) morel

모렐은 그물버섯, 곰보버섯, sponge mushroom이라고도 하며 동남아시아와 유럽, 북미에서 재배하고 있다. 연한 갈색의 원뿔형 갓처럼 생긴 버섯으로 그물처럼 벌집 모양을 하고 있다. 생으로 사용하거나 말려서 사용하는데 말린 모렐은 건조 방법에 따라 연기 향이 나는 smoky, 흙냄새가 나는 earthy, 견과류와 같은 nutty flavor로 나누어진다. 주로 sauce, stuffing, 버터에 볶아 간단히 먹는 방법 등이 있다.

20) mushroom

여러 종류의 버섯으로 말리거나 생것으로 사용한다.

21) onion

양파는 중앙아시아가 원산지로 백합과에 속하는 채소이다. 하얀색, 노란색, 붉은색 등의 양파가 있으며 맛과 향이 색깔에 따라 조금씩 다르다. 아삭한 느낌의 질감과 수분이 많은 양파는 여러 겹의 껍질이 겹쳐져서 동그란 모양을 하고 있다. 서양요리에서는 빼놓을 수 없는 재료이며 soup, salad, sauce 등에 사용하고 있고 혈액 중의 유해물질을 제거해 주는 역할을 하는 채소이다.

22) parsnip

파스닙은 감자와 비슷한 모양으로 설탕 당근이라고도 하며 양파와 파슬리 뿌리를 교배하여 얻어 낸 교잡종이다. 하얀 크림색의 긴 뿌리로 전분을 내어 사용하기도 한다. 단맛이 많고 soup나 stew, sauce에 사용하며 익혀서 먹는다.

23) potato

감자는 안데스 산맥이 원산지로 구황작물이다. 재배 면적에 비해 수확량이 많은 채소이며 섬유질과 무기질이 많은 알칼리성 식품이다. 즙이 많고 전분이 많은 뿌리 채소로 익혀서, 또는 가루로 만들어 사용하기도 하며 증류주의 원료가 된다.

24) pumpkin

호박은 박과 식물로 둥글고 큰 주황색이며, 단맛이 난다. 씨앗은 pepitas로 만들어 간식으로 이용한다. 통조림, 퓌레, soup에 주로 사용하며 이뇨 작용에 도움을 주는 채소이고 비타민 A와 C가 풍부하다.

25) radish

'뿌리' 라는 뜻의 래디쉬는 겨자 종류의 뿌리 식물이다. 둥글고 작은 형태부터 길쭉한 형태까지 크기가 다양하며 껍질은 밝은 붉은색이고 속은 하얀색이다. 맛은 무처럼 순한 맛을 가지고 있는 것과 매콤하게 아린 맛을 가진 품종이 있다. 아삭한 맛을 가지고 있으며 salad와 garnish로 이용하고 있다.

26) red cabbage

적양배추는 보랏빛을 띠는 적색의 잎이 겹겹이 싸여 둥근 원형을 이루는 배추 형태의 채소로 salad에 이용하거나 가니쉬에 사용하며 칼슘과 비타민이 풍부하다.

27) rhubarb

연중 수확할 수 있는 채소로 셀러리처럼 긴 핑크색, 또는 붉은 줄기와 넓은 초록색의 잎을 가지고 있다. 줄기는 약간의 독성이 있으며 신맛을 가지고 있다. Baked goods에 많이 이용하므로 pie plant라고도 한다.

28) shallot

샬롯은 양파의 일종으로 백합과 식물이고 중동지방이 원산지이다. 마늘과 비슷한 형태이며 양파보다 향이 좋고 서양요리에 많이 사용하는 채소이다.

29) spinach

시금치는 명아줏과에 속하는 1년생 식물로 채소로 쓰인다. 서늘한 기후와 깊고 비옥하며, 석회가 많은 땅에서 잘 자라고 잎도 커진다. 철분, 비타민 A · C가 많아 샐러드, 수프, 수플레, 무스를 만들고 다른 요리의 재료로도 쓰인다.

30) squash

애호박인 스쿼시는 호리병박과의 채소로 zucchini라고도 부른다. 스쿼시의 크기와 색, 모양에 따라 종류가 다른데 모양에 따라 여름 스쿼시와 겨울 스쿼시로 나눈다. 여름 스쿼시는 4~9월이 수확기이며 외피가 얇고 부드러우며 즙이 많고 맛이 부드럽다. 겨울 스쿼시는 외피가 두껍고 단단하며 노란색, 주황색이고 과육도 단단하다. 주로 grilling, sauteing, baking에 이용한다.

31) tomato

토마토는 가짓과 식물로 남미가 원산지이고 종류가 많다. 붉은색의 매끈한 외피를 가지고 있으며 모양이 둥글고 과즙이 많으며 과육이 부드럽다. 이탈리아의 산마르치노에서 생산되는 plum tomato는 타원형으로 과즙의 양이 적은 대신 과육이 탄탄한 종이며 Italian plum tomato라고 불린다. 일반적으로 토마토는 이탈리아요리에 많이 사용하고 sauce, salad, paste에 주로 쓴다.

32) truffle

송로버섯은 가장 값이 비싸고 희귀한 식품 중 하나이며 제일 많이 생산되는 지역은 프랑스의 Perigord 지역으로 땅속에 있는 버섯을 찾기 위해 돼지나 개를 이용한다. 3~11월에 주로 수확하며 흰색과 검은색으로 나눌 수 있는데 검은 송로버섯은 프랑스산으로 끓여도 그 향이 남아 있고 하얀색 송로버섯은 이탈리아산으로 날것으로 먹으면 좋다.

33) turnip

순무는 겨자과 식물의 뿌리채소로 원추 모양이며 대부분 하얀색이지만 잎으로 갈수록 보라색을 나타낸다. 비타민 C가 풍부하고 향이 달며 숙성될수록 향은 더욱 짙어진다. 주로 hot vegetable, casseroles, navarin에 사용하고 있다.

34) watercress

워터크래스는 겨자과에 속하는 물냉이로 물가에서 자라는 채소이다. 초록색의 잎을 가지고 있으며 얼얼할 정도로 자극적인 맛과 향을 가지고 있고 다발로 사용한다. 주로 샐러드, 샌드위치, 가니쉬로 쓰며 파슬리 대용으로도 사용 가능하다.

35) white cabbage

양배추는 초록색과 하얀색이 서로 어우러져 둥근 원형을 이루는 배추 형태의 채소로 cole slaw salad, sauerkraut에 사용한다.

위에서 살펴본 것처럼 조리에는 여러 종류의 채소들을 사용하는데 특히 서양조리에서 많이 사용하는 채소를 써는 방법은 다음과 같다.

써는 법	특징과 규격	
allumette, julienne	'성냥개비'라는 뜻으로 감자를 0.3×0.3×2.5~5cm로 썬다. 같은 방법으로 감자 이외의 채소를 썰었을 경우는 julienne이라고 한다.	
batonnet	'막대기'라는 뜻으로 0.6×0.6×5~6cm로 썬다.	
brunoise	정육면체의 큐브로 가로, 세로, 높이 3mm 크기로 썬다.	
chiffonade	종이처럼 얇은 것을 뜻하는데 채소의 잎이나 허브 등을 돌돌 말아 가늘고 길게 써는 것을 말한다.	
concassé	토마토의 껍질과 씨를 제거한 후 가로, 세로 5cm로 썬다.	
cube	가로, 세로, 높이 1.27cm 정도의 정육면체로 썬다.	
cornet	고깔 모양, 나팔 모양으로 다듬어 곁들이로 사용한다.	
dice	가로, 세로 1.5cm 크기의 large dice, 가로, 세로 9mm 크기의 medium dice, 가로, 세로 6mm 크기의 small dice의 3종류가 있다.	
haché	프랑스어로 '다지다(hashed, minced)'의 뜻이다. Chop도 같은 뜻으로 모양과 크기가 일정하지 않게 매우 작게 다지는 것이다.	

macedoine	익히거나 익히지 않은 채소와 과일을 small dice로 썰어서 섞어 놓은 것이다.	
parisienne	멜론 스쿱(melon scoop), 빠리지엔 스쿱(parisienne scoop)을 이용해 채소나 과일을 둥근 모양으로 뜬다.	
paysanne	12×12×6mm로 썬다.	
pont neuf	1.27×1.27×7.6cm의 막대 모양으로 써는 것으로 steak fries라고도 한다.	
tournée	뚜르네는 '돈다'라는 뜻이며 7개의 똑같은 면을 가진, 럭비공과 같은 모양으로 다듬고 끝은 뭉툭하게 썬다.	

채소를 써는 방법과 함께 감자를 조리하는 법도 다음과 같은 여러 가지 방법이 있다.

조리법	특징과 규격
pommes allumette	0.3 x 0.3 x 2.5~5cm의 막대 모양으로 썰어 기름에 튀긴 후 소금을 뿌린다.
pommes anglaise, pommes de terre a l'anglaise	타원형으로 다듬은 감자를 찌거나 poaching한 후 버터와 소금, 물을 넣고 따뜻하게 보관한다.
pommes á la bordelaise	큐브로 썬 감자를 버터와 약간의 마늘을 넣고 볶는다.
pommes Anna	껍질을 제거하고 2~3mm 두께의 둥근 모양으로 썰어 원형틀(pommes Anna pan)을 이용해 겹겹이 동그랗게 쌓고 버터와 소금, 후추를 뿌린 후 오븐에 넣어 굽는다. 뒤집어서 조각으로 잘라(pommes Annette) 제공한다.
pommes au four, pommes de terre en papillote	껍질 벗기지 않은 감자를 알루미늄 포일에 싸서 오븐에서 구운 것이다.
pommes berny	익힌 감자의 껍질을 벗긴 후 달걀노른자, 후추, 소금을 넣고 으깨어 3cm 정도로 둥글린 후 다진 아몬드를 입혀 튀긴 것이다.

pommes bonne femme	작은 통양파와 감자를 stock에 넣고 braising하는 방법이다.
pommes château	Château 모양의 감자를 끓이거나 볶은 후 육류요리인 chateaubriand의 가니쉬로 제공한다.
pommes croquette	익힌 감자의 껍질을 벗긴 후 달걀노른자, 후추, 넛멕을 넣고 길이 4cm, 넓이 1.5cm의 타원형으로 만들어 달걀과 빵가루를 묻혀 튀긴다.
pommes dauphine	익힌 감자의 껍질을 벗긴 후 슈 반죽과 혼합하여 둥글게 만들어 튀긴 것으로 grill, roast 요리에 가니쉬로 곁들인다.
pommes dauphinoise	껍질 벗긴 감자를 2mm의 두께의 원형으로 자른 후 gratin dish에 깔고 크림과 번갈아 담은 후 치즈를 위에 뿌려 굽거나 크림, 달걀, 우유 혼합물을 그 위에 부어 굽는 방법으로 cream potatoes라고도 한다.
pommes duchesse	익힌 감자의 껍질을 벗긴 후 으깨고 달걀과 혼합한 후 깍지 낀 베이커리 백에 넣어 모양을 짜고 오븐에 넣어 갈색으로 굽는다.
pommes fondantes	Tournée 모양으로 썰어 stock과 버터를 넣고 뚜껑을 덮어 오븐에서 굽는 방법이다.
pommes facie	생감자의 껍질을 벗긴 후 속을 파낸 다음 다진 고기를 채워 다시 오븐에 넣어 굽는 방법이다.
pommes frites	막대 모양, 또는 슬라이스한 감자를 튀기는 방법이다.
pommes gaufrettes	Gaufrette는 프랑스어로 '와플'을 뜻하는데 와플 모양이 나는 슬라이서를 이용해 썬 후 튀긴다.
pommes lorette	Pommes dauphine과 같은 방법으로 만든 반죽을 그믐달 모양으로 만들어 튀기는 방법이다.
pommes lyonnaise	껍질 벗긴 감자를 0.3cm 두께의 반달로 썰어 poaching한 다음 양파와 버터를 넣고 갈색으로 볶아 파슬리 다진 것을 위에 뿌린다.
pommes noisette	Noisette은 프랑스어로 '헤이즐넛'을 뜻하는데 감자를 헤이즐넛 모양으로 다듬어서 버터를 넣고 볶아 주는 방법이다.
pommes rissoles	Château 모양으로 다듬은 후 진한 갈색이 될 때까지 조리한다.
pommes souffles	Souffle는 프랑스어로 '부풀어 오르다'라는 의미로 얇게 썬 감자를 두 개의 스파이더 스푼 사이에 놓고 기름에 튀겨 그릇 모양으로 만드는 방법이다.

8. 치즈(cheeses, fromages)

치즈의 종류와 맛과 향은 소, 양, 산양, 물소, 염소 등 어떤 원유를 사용했는가, 유산균은 어떤 유산균을 사용했는가, 숙성 중의 온도와 습도 등 숙성 조건과 제품에 첨가되어 있는 물질에 따라 결정된다.

종류	특성
hard cheese (초경질 치즈)	수분함량이 30% 이하로 curd cheese라고도 한다. 질감이 단단하기 때문에 가루를 내어 사용할 수 있다.
firm cheese (경질 치즈)	수분함량이 30~40% 정도로 semifirm/semihard cheese라고 불리며 조직이 단단하고 박테리아를 이용해서 숙성시키는 치즈로 종류가 많다.
semisoft cheese (반경질 치즈)	경질과 연질 치즈의 중간 정도이며 수분함량은 40~50% 정도로 박테리아와 곰팡이를 이용해 숙성시키는 치즈이다.
soft cheese (연질 치즈)	수분함량은 50~70% 정도로 숙성을 하지 않고 사용할 수 있는 치즈도 있고 박테리아, 또는 곰팡이를 이용해 짧은 시간 숙성시키는 치즈이다. 수분의 함량이 높아 보존시간이 짧을 수 있으므로 보관상 주의하여야 한다.

(1) 초경질, 경질, 반경질 치즈(hard, firm and semisoft cheese)

1) appenzeller(스위스)

'산악 경질 치즈' 라고도 하며 원반 모양의 향이 강한 치즈이다. 지방함량은 50% 이하이며 두께가 7~8cm 정도이고 내부에 구멍이 있다.

2) emmental, emmentaler, emmenthal(스위스)

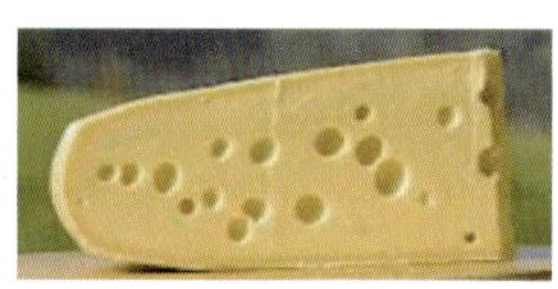

원반 모양의 경질 치즈로 무게가 최대 80kg이다. 나무 열매와 같은 목초 향을 가지고 있으며 맛은 부드럽고 크고 작은 구멍이 많이 있다. 숙성시간이 길수록 잘 녹으며 스위스에서 가장 많이 생산하는 치즈 중 하나이다. 탄력이 좋고 노란색을 띠고 있다.

3) raclette(스위스)

나무 열매 향이 풍부하며 부드러운 맛의 치즈로 껍질은 황토색이고 내부는 크고 작은 구멍이 있다.

4) boerenkaas(네덜란드)

원반 모양이고 연한 갈색 껍질을 가지고 있으며 윤기가 흐른다. 달콤한 과일 향이 나며 farmer's gouda라고도 한다.

5) edam(네덜란드)

반경질 치즈에 속하며 탈지유로 만들고 지방함량이 40% 이하이다. 원반 모양이며 탄력이 좋고 약간의 소금기를 가지고 있으며 숙성시간이 길수록 향이 강해진다. 사과처럼 붉은 왁스 코팅을 이용해 겉면을 포장하는 치즈로 유명하다.

6) leyden(네덜란드)

두 개의 열쇠로 상징되고 있는 치즈로 지방함량이 20~40% 정도이며 caraway seed, cumin seed를 더해서 더욱 풍성한 맛을 낸다. 주로 apéritif에 이용한다.

7) nagelkaas(네덜란드)

탈지유로 만들며 지방함량이 20~30%인 초경질 치즈이다. Cumin seed와 정향을 첨가하여 더 좋은 향과 맛을 낸다.

8) brick(미국)

반경질 치즈인 브릭은 벽돌이라는 의미인데 18세기 말에 영국의 청교도들이 미국으로 이주하면서 벽돌을 이용해 치즈의 모양을 만들었다고 하여 이름이 지어졌으며 만든 모양도 벽돌과 비슷한 모양으로 직사각형이다.

지방함량이 50% 정도이고 단면은 연한 크림색을 띠고 있으며 작은 구멍이 많다. 열에 쉽게 녹는 성질을 가지고 있으며 맛은 달고 부드럽다.

9) caerphilly(영국)

웨일즈의 광산촌이 원산지이다. 원반 모양이며 부서지기 쉬워 작고 얇은 조각으로 자르기 쉽다. 소금기를 가지고 있고 풍미가 순하다.

10) cheddar(영국)

Whole milk를 이용해 만드는 반경질 치즈로 세계적으로 가장 많이 사용하고 있는 치즈이다. 색상은 하얀색에서부터 주황색까지, 향도 강한 향에서부터 약한 향까지 다양하며 잘 익은 나무 열매의 냄새가 난다. 열에 잘 녹는 성질을 가지고 있다.

11) cheshire(영국)

종류는 하얀색, 빨간색, 파란색이 있으며 하얀색과 빨간색은 소금기를 가지고 있고 파란색은 풍미가 풍부하다. 오랜 시간 숙성한 치즈에는 푸른곰팡이로 인해 푸르스름한 줄이 있다.

12) double gloucester(영국)

체다 치즈와 같은 경질 치즈로 원반 모양이며 탈지유로 만든 치즈이다. 식물성 색소를 이용해 오렌지색을 내고 건포도와 같이 말린 과일 향을 가지고 있다.

13) derby, derbyshire(영국)

원반 모양에 부드러운 맛이다. 조직은 틈이 없고 견고하며 곱다. 더비 치즈에 잘게 썬 sage를 넣어 숙성시켜 만든 sage derby는 녹색의 sage 무늬가 나타난다.

14) wensleydale blue and white(영국)

둥근 기둥 모양의 경질 치즈로 단맛이 있다. 하얀색의 치즈와 푸른색의 치즈가 있는데 흰색은 푸석푸석하고 레몬 맛, 사과 맛과 같은 산뜻한 새콤한 맛이 나며 푸른색 치즈는 크림의 형태에 감칠맛이 난다.

15) beaufort, gruyere de beaufort(프랑스)

프랑스의 savoy 지역과 dauphine 지역에서 생산되는 지방함량 50% 정도의 치즈로 풍미가 있다. 원반 모양에 껍질은 황토색이고 견과류와 캐러멜 향을 가지고 있으며 내부에 구멍은 없지만 갈라진 틈들이 있다.

16) comte(프랑스)

경질 치즈에 속하며 숙성시간이 길어질수록 껍질이 단단해지고 무거워지는 성질을 가진 치즈이다. 모양과 맛, 질감은 gruyere cheese와 같고 구멍이 있다. 과일, 후식, 샌드위치, 차와 잘 어울리는 치즈이다.

17) maroilles, marolles(프랑스)

반경질 치즈에 속하며 지방함량이 45~50%이고 악취가 심하며 맛이 강하다. 껍질은 붉은 갈색을 나타내며 윤기가 있는 치즈이다.

18) roquefort(프랑스)

반경질 치즈로 '치즈의 왕'이라는 별명을 가지고 있다. 양젖으로 만들며 푸른곰팡이인 페니실린을 뿌려 프랑스의 로케포르 마을에 있는 석회암 동굴에서 차갑게 숙성시키는 치즈로 달콤하면서도 강한 자극적인 맛을 동시에 가지고 있다. 껍질은 짙은 붉은 갈색이고 내부는 미색에 푸른곰팡이가 퍼져 있다. 샐러드드레싱으로 많이 사용한다.

19) gjetoest, gietost, getos, getmesost(노르웨이)

치즈의 껍질 부분이 없는 것이 특징이고 유당의 캐러멜화로 인해 단맛이 강한 치즈이다. 지방함량은 38% 정도이고 껍질이 두꺼운 호밀빵에 고루 펴 발라 먹으면 좋다.

20) kefalotyri(그리스)

초경질 치즈에 속하며 양젖, 산양 젖, 염소젖으로 만드는 치즈로 그리스산이 아닌 것은 젖소의 우유를 이용한다. 원반 모양이며 지방함량이 40~45%이고 질감이 단단하고 소금기가 있다.

21) limburger(독일)

벨기에산 치즈이나 현재는 독일에서 생산하고 있다. 전지유를 이용하여 만드는 치즈로 지방함량이 30~40%이고 brick 치즈와 같이 벽돌 모양이며 brick 치즈의 모델이라고도 할 수 있다. 껍질은 옅은 갈색인데 숙성기간 중에 계속 껍질을 닦아 주는 치즈로 향이 너무 강해 냄새와 맛이 좋지 않다. 질감은 부드럽고 크고 작은 구멍을 가지고 있다.

22) tilsit, tilsiter(독일)

네덜란드에서 개발되었으나 독일에서 더욱 생산량이 많고 현재는 독일, 스위스, 스칸디나비아 반도 등에서 두루 생산하고 있다. 원반, 수레바퀴, 사각형 등 형태가 다양하고 껍질이 얇고 갈색이며 내부는 크림색이고 수많은 작은 구멍을 가지고 있다. 탄력이 있으며 질감이 부드럽고 잘 녹는다. 신맛이 있어 짜릿하고 자극적이며 caraway seed를 혼합해서 사용하기도 한다.

23) burrino(이탈리아)

경질 치즈로 녹였을 때 늘어나는 성질을 가진 플라스틱 커드 치즈이다. 호리병처럼 생긴 모양을 가지고 있으며 유청 안에 들어 있는 적은 양의 지방으로 만든다.

24) parmesan(이탈리아)

알알이 씹히는 질감을 가지고 있고 짠맛과 단맛을 동시에 가지고 있는 치즈로 음식에 잘 어울린다. 주로 파스타, 피자 등 이탈리아요리에 사용하며 지방함량이 32%로 초경질 치즈에 속한다. 풍미가 풍부한 치즈로 숙성시간이 오래되어 단단해진 치즈는 분쇄하여 사용하기도 한다.

25) provolone(이탈리아)

녹이면 잘 늘어나는 플라스틱 커드형의 치즈이다. 지방함량이 44~47%이고 미색을 띠는 치즈로 모양은 정해져 있지 않고 다양하다. 껍질은 황금색이 도는 갈색으로 숙성하는 동안 끈을 이용해 공중에 매달아 놓기 때문에 프로볼로네 치즈에는 가는 끈 자국이 남아 있다. Piccante provolone는 1년 이상 숙성시킨 것으로 강한 고추 향이 나고 숙성시키지 않은 프로볼로네 치즈는 dolce provolone로 맛이 부드럽다.

26) pecorino, Pecorino romano(이탈리아)

주로 염소젖이나 우유, 양젖, 산양유를 이용해서 만드는 치즈로 원반 모양이고 casein 결정으로 인해 부서지기 쉬우므로 강판에 갈아서 사용한다. 숙성되면서 색이 어두워지고 조직도 단단해진다.

27) gorgonzola(이탈리아)

지방함량이 50%이고 껍질은 짙은 갈색이며 거친 질감이다. 내부는 녹색의 대리석 무늬가 나타나며 숙성될수록 향이 강해진다.

28) samso(덴마크)

원반 또는 사각형이고 스위스의 에멘탈 치즈를 덴마크화하면서 시작된 치즈라고 할 수 있다. 달고 풍부한 맛과 향을 가지고 있으며 중간에 크고 작은 구멍이 있다. 반경질 치즈로 열에 잘 녹고 탄력이 있으며 토스트에 사용하기 좋다.

(2) 연질, 반연질 치즈(soft and semisoft cheese)

1) acidophilus cheese(지중해)

Lactobacillus acidophilus를 이용하여 만든 치즈로 지방이 적고 내부의 색이 하얗고 부드러운 신맛을 내는 특징이 있다.

2) banon(프랑스)

염소젖과 wine, brandy를 만들고 남은 찌꺼기를 이용하여 만드는데 허브를 더하여 풍미를 좋게 한다. 밤나무 잎과 야자 껍질 끈을 이용하여 숙성시키면 색이 푸르스름하게 되며 신맛이 난다.

3) brosse, brousse(프랑스)

숙성을 하지 않는 치즈로 지방함량이 45%이고 양젖으로 만들지만 현재는 우유로 만든다. 커드를 바구니에 담아 유청을 제거하는 방법을 이용하고 숙성기간에는 솔을 이용해 닦아 준다.

4) brie(프랑스)

지방함량이 50%이고 '치즈의 여왕'이라는 별칭을 가질 정도로 유명하며 원반 모양이다. 매끄럽고 하얀 껍질을 가지고 있고 내부는 크림처럼 부드럽고 하얀색을 나타내며 풍미가 좋다.

5) coulommiers(프랑스)

지방함량이 45~50%이며 brie cheese와 비슷하지만 크기가 좀 더 작고 높다. 풍미가 더 순하고 브리 치즈보다 숙성기간이 짧다.

6) dauphine(프랑스)

지방함량이 50%이고 직사각형이거나 바나나와 비슷한 모양이다. 껍질은 짙은 주황색이고 타라곤과 후추의 향미가 난다.

7) gaperon(프랑스)

지방함량이 30%이고 작은 돔형이며 마늘과 후추 향을 가지고 있다.

8) langres(프랑스)

강한 향과 풍미를 가지고 있으며 원추의 끝 부분을 잘라 낸 것과 같은 모양이다.

9) livarot(프랑스)

프랑스 북부의 노르망디 지역에서 생산되는 치즈로 지방함량이 40~50%이며 풍미가 강하다.

10) port salut, port du salut(프랑스)

지방함량이 40~50%이며 표면을 숙성시키는 치즈로 껍질은 오렌지색이며 내부는 은은한 노란색이다. 탄력이 있고 맛은 부드러우며 숙성기간이 길어질수록 향미가 풍부해진다.

11) reblochon(프랑스)

지방함량이 50%이며 원반 모양이고 껍질은 약간 붉은 회색빛이며 내부는 하얀색이고 크림과 같은 형태이다. 숙성기간이 빠르고 풍미가 좋다.

12) saint-marcellin(프랑스)

지방함량이 50%이며 염소젖을 이용하여 만드나 현재는 우유를 이용하여 만들며 4~9월에 생산한 치즈가 가장 품질이 좋다. 원반 모양이고 껍질에 푸른 회색을 띠는 곰팡이가 피어 있고 내부는 크림 형태이며 약간 씁쓸한 맛이 난다.

13) saint-nectaire(프랑스)

원반 모양이며 껍질의 색깔은 짙은 회색을 나타내고 붉은색 또는 노란색의 곰팡이가 피어 있는 치즈도 있다.

14) camembert(프랑스)

18세기 프랑스 북부의 노르망디 지역 마을의 이름을 땄으며 나폴레옹이 좋아했던 치즈로 유명하다. 지방함량은 45~50%이며 껍질은 하얗고 부드러운 표피를 가지고 있고 내부는 크림 형태로 연하고 촉촉하며 부드럽다.

15) altenburger(독일)

염소젖에 흰색 곰팡이를 넣어 숙성시켜서 만드는 치즈로 풍미가 좋고 질감이 부드럽다.

16) bavarian blue(독일)

독일 남부지방에서 만드는 치즈 중 하나로 껍질은 하얗고 내부는 푸른곰팡이가 들어가 있다. 버섯과 레몬 향이 난다. 대표적인 치즈로 'cambozola'가 있다.

17) munster, muenster(독일)

독일 서부 국경의 뮌스터 지역에서 처음 만들어졌으며 지방함량이 40%이고 지금은 독일과 인접한 프랑스의 Alsace 지역에서도 생산되고 있다. 껍질은 짙은 노란색에서 붉은 주황색까지 다양하며 껍질이 매끄럽고 약간 촉촉한 것이 특징이다. 내부는 부드럽고 작은 구멍이 많으며 미색이다. 숙성기간이 길어질수록 향이 강해진다.

18) bel paese(이탈리아)

지방함량이 45~50%로 전 세계적으로 인기 있는 치즈이다. 원반 모양이며 상표와 함께 알루미늄에 쌓여 있다. 담백하고 약간 쏘는 우유 맛이며 내부는 크림 형태로 부드럽고 열에 잘 녹는다.

19) mozzarella(이탈리아)

물소 젖을 이용하여 만드는 치즈였으나 현재는 젖소의 우유를 이용하고 있다. 지방함량이 40~50%이며 커드의 탄력성이 좋아 어떤 치즈보다도 쫄깃하고 잘 늘어나는 성질을 가지고 있다. 공 모양으로 만들어 유청에 담아 판매하거나 여러 형태로 가공하여 판매한다. 피자에 꼭 필요한 모짜렐라 치즈는 이탈리아 나폴리 지역에서 처음으로 시작되었으며 '피자 치즈'라는 별칭으로도 불린다.

20) ricotta(이탈리아)

숙성하지 않는 치즈로 지방함량이 20~30%이며 촉감이 부드럽다. 우유를 이용하지 않고 모짜렐라나 provolone 치즈를 만든 후 나온 유청을 이용하여 만드는데, ricotta는 'recooked' 의 의미로 부산물을 다시 가열하여 만든 것이다.

21) stracchino(이탈리아)

지방함량이 50%이며 사각형이다.

22) feta(그리스)

지방함량이 40~60%이며 그리스 시대부터 있었던 치즈로 염소젖을 이용하여 만드는 치즈이나 현재는 우유를 이용하여 만든다. 껍질이 없고 소금을 첨가한 유청을 병에 담아 치즈와 함께 보관하는 치즈로 'pickled cheese'라는 별칭을 가지고 있다. 주로 주사위 모양으로 만들며 하얀색의 부서지기 쉬운 질감을 가지고 있다.

23) havarti(네덜란드)

젖소의 우유를 이용하여 만들며 껍질의 형태에 따라 dried, washed의 두 종류가 있다. Washed havarti cheese가 풍미가 많고 내부에 작은 구멍이 나 있으며 은은한 노란색이고 잘 녹는 성질이 있다. 부드럽고 섬세한 맛을 가지고 있으며 두부보다는 좀 더 단단하다.

24) cottage(네덜란드)

탈지유를 이용하여 만들며 숙성기간이 없다. 우유를 자연적으로 발효시켜 casein 응고를 이용한 치즈였는데 지금은 미국에서 대량으로 생산, 소비되고 있으며 저칼로리, 고단백 치즈이다.

Chapter 11
메뉴

1. 메뉴의 종류
2. 식사의 형태
3. 메뉴의 실례

메뉴란 식단의 작성, 또는 차림표를 말하는 것으로 기록하다는 의미를 가진 라틴어의 'minute'가 어원이다. 메뉴를 계획함에 있어 가장 중요한 요소는 어떤 업종인가, 메뉴를 위한 주방 시설이 설비되어 있는가, 주방 인력은 충분한가, 메뉴가 영양적으로 조화를 이루고 있는가, 음식의 다양성과 맛이 조화로운가, 예산이 적당한가, 제철식품과 재료구입은 용이한가, 메뉴 용어를 활용했는가 등이다.

1. 메뉴의 종류(type of menu)

(1) full course menu(table d'hote menu)

풀코스 메뉴는 고급 식당, 또는 연회에서 사용하는 메뉴로 보편적으로 appetizer, main dish, dessert로 구성되어 있다. 과거의 풀코스 메뉴는 모든 음식이 한꺼번에 제공되어 음식 본연의 맛을 찾을 수 없었다. 이후 러시아에서 처음으로 풀코스 메뉴가 차례로 순번이 정해져서 제공되었고 오늘날에는 보편적으로 아래와 같이 7가지의 메뉴가 제공되고 있다.

1) appetizer

전채요리라고 하며 양이 적고 모양이 아름다우며 식욕을 돋우어 줄 수 있는 맛을 지니고 있고 주로 차갑게 제공되는 경우가 많다. 따뜻한 전채요리는 수프 뒤에 제공된다.

2) soup

'적시다'라는 뜻의 후기 라틴어 수파레(supare)가 어원이며 6세기경 수파(suppa)라는 명사가 만들어졌다. 수파는 고기와 채소로 만든 육즙이나 포도주에 적신 빵을 가리키던 말로 서양에서는 고기와 채소로 만든 육즙을 빵에 부어 먹는 전통이 있었는데 1653년 영어의 수프(soup)가 되면서 액상의 육즙만 먹는 풍습으로 바뀌었다. 서양식 식사의 첫 번째 순서이지만 내용물이 매우 풍부한 수프는 수프만으로도 main dish가 될 수 있다. 수프의 종류는 매우 다양하지만 온도와 농도에 따라 크게 두 종류로 나눈다.

3) fish

생선요리는 먹기 좋게 주로 fillet를 사용한다.

4) salad

'소금 친 채소' 라는 뜻의 라틴어 헤르바 살라타에서 시작되어 14세기 고대 프랑스어인 살라드(salade)를 거쳐 샐러드(salad)가 되었다. 상추, 오이와 같은 채소에 식초와 소금물 등을 섞어서 즐겨 먹던 고대 로마인들이 이 샐러드를 영국과 유럽에 소개하였다. 처음에는 별로 유행하지 않다가 17세기에 상류층의 식탁에 놓이면서 유행하기 시작하였다. 한 가지 혹은 여러 가지 재료를 섞어서 드레싱과 함께 먹는다. 에피타이저로, 혹은 에피타이저 다음의 첫 번째 순서로, entrée로, 또는 entrée 다음의 순서로, 디저트로 매우 다양하게 먹을 수 있다.

5) main course

미국에서는 주로 육류나 가금류, 생선, 패류, 갑각류와 채소, 탄수화물로 이루어진 main dish를 말하며 유럽에서는 entrée라고 한다.

6) dessert

'서비스를 중단하다', '서비스가 끝났다' 라는 뜻의 고대 프랑스어인 데쎄르비르(desservir)가 어원인 단어로 지금까지 내어 온 음식을 치우겠다는 뜻이다. 요즘의 디저트는 아이스크림과 쿠키 등 주로 달콤한 요리가 이에 속하는데 18세기까지 설탕이 유럽에서 상당히 귀한 식재료였던 것을 생각하면 이것은 그리 오래된 일이 아니다.

7) coffee or tea

커피 또는 차를 주로 제공한다.

(2) á la carte

La carte는 프랑스어로 메뉴판을 뜻하는데 메뉴에서는 일품요리를 의미한다. 모든 코스요리를 다 제공하는 것이 아니라 매 코스마다 고객이 자신의 취향에 맞추어 메뉴를 선택할 수 있다.

(3) daily menu(plats du jour)

'오늘의 메뉴'로 조리장이 그날그날의 특별한 재료로 만들어 고객의 호기심을 유발할 수 있는 메뉴이다. 고객에게 제공하는 양을 정해 놓으면 주방에서도 미리 준비할 수 있으므로 신속한 서비스를 동시에 제공할 수 있다.

(4) all year round menu(menu de toute l'annee)

한 번 작성하여 일 년 동안 변하지 않고 계속 사용할 수 있는 메뉴이다.

(5) seasonal menu(menu de saison)

계절별로 그 특성을 살려 작성한 메뉴로 주로 제철식품을 이용하기 위한 아이디어이다.

2. 식사의 형태(type of meals)

(1) breakfast(petit déjeuner)

아침 식사는 각 나라마다 다른데 보통 커피나 차 등 음료와 함께 간단한 식사를 한다. 일반적으로 오믈렛(omelet)이나 스크램블드 에그(scrambled egg), 보일드 에그(boiled egg)와 같은 달걀요리를 많이 먹으며 주스, 토스트, 시리얼, 햄, 치킨, 생선, 치즈 등을 먹기도 한다.

달걀요리는 1인분 기준 2개를 제공하는데 다음과 같은 종류가 있다.

1) fried egg

① over easy

달구어진 프라이팬에 기름을 두르고 노른자가 깨지지 않도록 달걀을 넣고 흰자가 반 정도 익으면 주의하여 뒤집어 익힌다.

② over light

깨뜨리지 않은 노른자는 그대로 있고 흰자만 약간 익은 상태를 말한다.

③ over medium

깨지지 않은 노른자는 약간 익고 흰자는 완전히 익은 상태를 말한다.

④ over hard

깨지지 않은 노른자와 흰자가 모두 익은 상태를 말한다.

⑤ sunny side up

달구어진 프라이팬에 기름을 두르고 노른자가 깨지지 않도록 달걀을 넣고 흰자만 익히는데 뒤집어 익히지 않고 흰자가 어느 정도 익으면 오븐이나 살라만더를 이용해 윗부분을 살짝 익혀서 제공한다.

2) scrambled egg

달걀 2개와 1T.s의 우유나 크림을 같이 혼합하여 부드럽게 섞어 준 후 기름을 두른 프라이팬에 넣고 계속 저어 주며 부드럽게 익혀서 제공한다.

3) boiled egg

삶은 달걀로 물이 끓으면서 3~4분 정도 삶으면 soft boiled egg, 5~6분 정도 삶으면 medium boiled egg, 10~12분 정도 삶으면 hard boiled egg가 된다. 삶은 달걀요리는 egg stand와 전용 소금통, 스푼과 함께 제공한다.

4) poached egg

수란이라고 하며 물 1L에 소금과 식초를 넣고 물이 80℃ 정도 끓기 시작하면 그릇이나 국자에 달걀을 깨어서 담고 물 안에 넣어 익힌 후 토스트나 접시에 담아 제공한다.

5) omelets

오믈렛은 여러 가지 내용물을 함유하고 있는 달걀요리이다. 오믈렛을 잘 만들기 위해서는 팬의 온도와 크기가 중요하다. 가장 적당한 팬의 크기는 18cm 정도이며 팬의 온도가 너무 낮아도 오믈렛이 잘 만들어지지 않는다. 위에 소스를 얹어서 제공한다.

(2) brunch

1896년 영국 학생들 사이에서 만들어진 일종의 은어로 축제 다음 날이나 일요일에 늦잠을 많이 자는 학생들이 아침도 아니고 점심도 아닌 어중간한 시간에 식사를 하면서 이것을 브런치라고 불렀다. 요즘 레스토랑에서는 주로 오전 11시부터 오후 3시까지 판매하는 식사를 지칭하고 있다.

(3) lunch(déjeuner)

16세기 런치는 '굵은 덩이'를 의미했고 영어 사투리인 런쉰(lunshin)은 '음식 덩이'를 의미했다. 이 단어들 외에도 논첸취(nonschench)라는 사투리가 있었는데 논(non)은 '정오'를, 첸취는 '음료'를 지칭하여 '정오에 마시는 음료와 함께 먹는 음식 덩이'라는 뜻의 런천이 되었다가 19세기 초 런치가 되었다.

(4) dinner

디너는 기록으로 남아 있지 않은 속어 라틴어 동사 디스유나레(disjunare)로부터 파생된 동사인데, 부정접두사 '디스(dis)'와 '단식'이나 '배고픔'을 뜻하는 예유누스(jejunus)를 합성하여 만든 말로 '단식을 중지하다'라는 뜻이다. 이 단어에서 파생된 두 가지 형태

중 하나인 디스네(disne)가 13세기 말 디너가 되었다. 식사시간은 시기와 지역, 신분 등에 따라 다르지만 영어에서 디너는 늘 당일의 주된 식사를 지칭하였다.

3. 메뉴의 실례

14 courses french menu
step 0 / course 0 amuse-bouchée(a little bite before the meal begins: greeting from the chef de cuisine) **yaourt à la graine(yogurt with seeds)** step 1/ course 1 hors d'œuvre(appetizer) **à la coquille St Jacques et au raifort(scallop horseradish)** step 2 / course 2 potage(soup) **consommé julienne(consomme with julienne)** step 3 / course 3 poisson(fish) **fillet de la sole du légume(fillet of sole with vegetable)** steps 4 / course 4 entrée(entry of 1st meat course) **les ris de veau avec asperges(sweetbreads with asparagus)** step 5 / course 5 sorbet(flavoured water) **champagne sorbet(champagne sorbet)** step 6 / course 6 relevé(meat course) **selle de agneau(saddle of lamb)**

step 7 / course 7
rôti(roast)
poulet de grain en casserole(spring chicken in a casserole)

step 8 / course 8
légumes(vegetables)
pommes soufflées(puffed potatoes)

step 9 / course 9
salades(salad)
petits pois à la menthe(green with mint)

step 10 / course 10
savoureux(savoury)
fondue de poireaux(leek fondue)

step 11 / course 11
fromage(cheese)
le fromage blanc(cottage cheese)

step 12 / course 12
entremet de sucré(sweets)
crepes suzette(crepes suzette)

step 13 / course 13
desserts(fresh fruits & nuts)
les melons(melon bowl as dessert)

step 14 / course 14
café(coffee)
tea

3 course menu	
course	exemple
cold appetizer	melon with port
soup	-
warm appetizer	-
main course	fillet of sole joinville steamed rice mimosa salad
dessert	champagne sorbet

4 course menu	
course	exemple
cold appetizer	-
soup	consomme with marrow
warm appetizer	gnocchi, Parisian style
main course	roast pheasant williams potatoes red cabbage with chestnuts
dessert	peach melba

4 course menu	
course	exemple
cold appetizer	melon with port
soup	-
warm appetizer	fillet of sole joinville steamed rice
main course	chicken breast with truffles steamed rice braised lettuce with bacon
dessert	hazelnut cream

5 course menu	
course	exemple
cold appetizer	melon with port
soup	consomme with marrow
warm appetizer	fillet of sole joinville steamed rice
main course	saddle of veal Orloff château potatoes fennel milanese
dessert	hazelnut cream

MENU

Assorted Rice Cake
모듬 떡
***

Marinated Seafood Salad
with Chilli Vinegar and Crispy Garden Green
매콤한 해산물 샐러드
***

Yellow Pumpkin Soup
호박 크림 수프
***

Roasted Tenderloin and Grilled Salmon
with Burgundy Herb Served with Mixed Market Salad
소 안심 구이와 허브향의 연어구이
***

Korean Noodle
잔치국수
***

Tiramisu Napoli
티라미수
***

Coffee or Tea
커피 또는 차

Chapter 12

조리전문용어

A

add	‘첨가하다’, ‘더하다’의 의미로 프랑스어로는 ajouter이다.
ade	물과 설탕, 과일즙을 섞은 탄산음료이다.
a la(á la)	프랑스어로 음식을 준비하는 스타일이나 접시에 담는 방법을 표현할 때 많이 사용하는 용어이다.
á la carte	‘까르뜨를 가지고’, ‘까르뜨로’라는 뜻인데 프랑스어로 까르뜨(carte)는 음식의 목록을 적는 메뉴(menu)를 뜻하며 코스가 아닌 단일 품목의 모든 요리를 지칭한다.
á la maison	‘집의’라는 뜻의 프랑스어로 특정 레스토랑이나 그 레스토랑 chef의 특별한 음식, 또는 presentation method를 나타낼 때 사용하는 용어이다.
al dente	파스타 면을 삶을 때 완전히 익히지 않고 가운데 심이 남아 있는 상태를 말한다.
angel food cake	지방을 첨가하지 않고 달걀흰자의 기포를 이용해 만드는 케이크로 가볍고(light) 공기를 많이 함유하고 있으며(airy) tube pan에 굽는다.
aspic	육류나 어류, 채소의 즙과 젤라틴을 혼합해 만든 jelly로 glaze에 사용한다.
albumin	달걀흰자에 70% 정도 함유되어 있는 단백질로 동물의 혈액과 우유 등에도 들어 있다.
ananas	‘파인애플’을 뜻하는 독일어이다.
apéritif	‘열다’라는 뜻의 라틴어 아페리레(aperire)에서 알 수 있듯이 식사 전에 먹는 알코올이 들어간 음료이다. 줄여서 아뻬로(apéro)라고도 한다.
à point	프랑스어로 사전적인 의미는 ‘점을 찍다’라는 의미이나 음식에서는 익은 정도가 medium인 상태를 의미한다.
appetizer	어원은 라틴어의 아페테레(appetere)로 ‘갈망하다’는 뜻인데 17세기에 ‘식욕’을 지칭하게 되었고 현재는 식욕을 돋우기 위해 제공하는, 한입 크기의 작은 모양의 음식들을 말한다.
Armagnac	프랑스 보르도의 남동쪽 Gers에서 생산하는 백포도주로 만든 브랜디로 2번 증류하여 검은 오크통에서 숙성시킨다. 드라이하고 부드러운 향과 톡 쏘는 것 같은 부케(bouquet)를 가지고 있으며 호박색이다.

assam tea	북부 인도의 아삼지역에서 마시는 black tea로 차 잎의 품질은 좋지 않다(brittle leaves). 차의 색은 붉고 향이 강하다. 주로 아침 식사 때 우유를 넣어 마신다.
au lait	프랑스어로 '우유와 함께'라는 뜻으로 cafe au lait는 진한(strong) 커피에 동량의 뜨거운 우유가 들어 있는 커피라는 뜻이다.

B

baba, baba au rum	이스트로 발효시킨 가볍고 광택이 풍부한 케이크로 럼 시럽에 불린 건포도를 넣어 굽는다. 사바랭(savarin)이라고도 하며 1인용 나선형 몰드에 담아 만든다.
baguette	'막대기'를 뜻하는 라틴어 바쿨룸(baculum)이 어원이고 파리 사람들이 바게트로 부르기 시작한 것은 20세기 중반이다. 원통형의 프랑스 빵으로 물과 소금, 밀가루만으로 만드는 단단한 빵이다.
baum-kuchen	전통적인 독일의 크리스마스 케이크인데 초콜릿으로 glaze하고, 모양이 나무의 나이테처럼 보이므로 붙여진 이름이다.
bar-le-duc	프랑스산 preserve로 손으로 씨를 제거한 white currant로 만드는데 요즘은 구스베리나 딸기 등으로도 만든다.
baste	조리하는 재료의 건조를 막고 풍미를 더하기 위해 굽는 동안 녹인 버터나 유지류 등을 계속 발라 주는 작업을 뜻한다.
batter	와플이나 머핀을 만드는 데 사용하는 밀가루 혼합물로 약간 흐르는 듯하게, 유동성이 있는 반죽이다.
bavarois	바바리안 크림(bavarian cream)의 프랑스어로 custard와 휘핑크림, 젤라틴, 초콜릿을 혼합한 cold dessert이다.
beaujolais nouveau	프랑스 보졸레 지역에서 9월 초에 수확한 포도로 만든 young wine으로 과일 맛이 많이 나는 와인이며 11월 3번째 주 목요일에 동시 판매하는 와인이다.
beef jerky	'육포'이다.
beignet	튀김이나 바삭한 음식(crispy, puffy)을 뜻하는 프랑스어로 도넛과 비슷한 미국 뉴올리언스의 pastry이다.
brisket	양지머리로 소의 가슴 부분이다.

beurre	프랑스어로 버터이다.
beurre maître d'hôtel	버터와 레몬주스, 다진 파슬리를 함께 섞어 그릴에 구운 육류에 곁들여 제공하는 버터이다.
beurre manié	버터와 밀가루의 혼합물로 소스의 농도 조절에 사용하는 농후제이다.
beurre noir	버터를 진한 갈색(dark brown, not black)이 날 때까지 조리한다. 식초와 레몬주스, 케이퍼, 파슬리를 더하여 생선과 달걀, 채소요리에 소스로 사용한다.
bistro	작은 카페로 음식과 와인을 판매하는 곳이다.
bleu	프랑스어로 '파란색'이며 조리용어로는 스테이크 굽기에서 rare를 뜻한다.
bloom	슈가 블룸(sugar bloom)으로 초콜릿이 녹았다 굳었다 하는 과정에서 코코아 버터의 결정이 형성되어 표면에 흰색의 줄과 점이 생기는 현상이다.
blanquette	닭고기, 송아지고기, 양고기 등 white meats과 화이트소스, 버섯 등을 넣어 끓인 스튜이다.
blinis	메밀과 밀가루를 혼합한 반죽으로 만든 러시아식 팬케이크로 사워크림(sour cream), 캐비어(caviar), 훈제 생선과 함께 먹는다.
bombe	아이스크림을 층으로 쌓아 만든 디저트로 사이사이에 과일을 넣는다.
bok choy	청경채라고 하며 중국 남부가 원산지로 pak choi, white mustard cabbage라고도 한다.
bonne femme	프랑스어로 사전상의 의미는 '훌륭한 주부'라는 뜻으로 쉽게, 가정 스타일로 만드는 요리 방법에 붙이는 용어이다.
borsch	주재료는 신선한 비트이고 양배추와 토마토, 양파, 감자 등 고기는 넣지 않고 만드는 러시아식 수프를 말한다. 사워크림과 함께 뜨겁게, 혹은 차갑게 제공한다.
bouillon	육류, 가금류, 생선, 채소에 물을 넣어 끓인 후 고형물을 제거한 육즙 또는 stock을 뜻하는 프랑스어로 fond와 동의어이다. 소스나 수프의 base로, 또는 poaching에 사용한다.

bouquet	병에서 숙성된 와인에서 나는 복합적인 냄새(odors)로 알코올과 산의 상호작용(interaction)에 의해 발생한다.
bouquet garni	타임, 월계수 잎, 파슬리 등의 허브를 묶어 육수나 스튜의 맛과 향을 내는 향신료 다발로 요리가 끝난 후 제거한다.
brandy	발효시킨 과일 주스나 와인을 증류하여 만든 술로 코냑(cognac)이 대표적이다.
brasserie	맥주나 와인, 음료 등과 간단한 음식을 함께 파는 레스토랑이다.
breading	튀기거나 지지는 음식의 표면을 밀가루나 빵가루로 코팅하는 작업이다.
brider	육류, 가금류 등을 덩어리째 roasting할 때 주방용 실로 묶는 작업이다.
brot	독일어로 '빵'이며 크기가 작은 빵은 broetchen이라고 한다.
brochette	프랑스어로 '꼬치'를 의미한다.
broth	육류, 채소 등을 오랜 시간 끓여서 만든 진한(flavorful) 육즙이다.

C

cacao	카카오나무의 씨로 코코아와 초콜릿, 코코아 버터를 만드는 데 사용한다.
café	프랑스어로 커피, 또는 커피를 파는 작고 가격이 비싸지 않은 레스토랑이나 coffee house를 뜻한다.
calamari	'오징어'를 뜻하는 이탈리아어이다.
calorie	식품의 열량(energy)을 측정하는 단위이다.
calvados	사과 브랜디로 프랑스의 칼바도스와 노르망디에서 생산하며 blending, bottling 전에 오크통(oak cask)에서 3~10년간 숙성시킨다.
canapé	에피타이저에 속하며 조그마한 빵이나 크래커에 버터나 크림치즈를 바르고 위에 푸아그라, 캐비어, 새우와 같은 savory garnishes를 얹어서 만든다.
caramel	소량의 물과 설탕을 합하여 150~180℃에서 가열하면 생성되는 갈색의 물질로 소스에 사용한다.

casserole	양쪽에 손잡이가 있고 뚜껑(tight-fitting lid)이 있는 우묵한 그릇으로 오븐에 넣어 사용할 수 있는 세라믹이나 유리로 만든다.
caul fat	거세한 수퇘지(hog)나 양의 복부에 있는 지방조직(fatty membrane)으로 얇은 레이스나 거미줄과 같은 모양으로 forcemeat를 싸는 데 사용한다. 조리 시 빨리 녹으므로 basting에도 사용한다.
chaud	프랑스어로 '뜨겁다'는 뜻이다.
cheesecloth	스톡이나 소스를 거를 때, 또는 가금류나 생선을 쌀 때 사용하는 거즈(loosely woven cotton gauze)이다.
cheese wire	양쪽 손잡이에 가늘고 긴 철사를 연결하여 둥근 치즈를 조각(wedge)으로 자를 때 사용하는 도구이다.
china	그릇과 접시, 컵 등 식사의 도구로 쓰이는 도자기류를 말한다.
charcuterie	1. 빠떼, 테린, 갈란틴, 소시지, crépinettes와 같은 제품의 생산을 나타내는 용어이다. 2. 샤쿠테리 아이템을 만들고 판매하는 상점을 뜻한다. 3. 오로지 돼지고기로만 만든 제품을 언급할 때 사용하는 용어이다.
charlotte	몰드 안에 스펀지케이크나 빵을 깔고 옆면에 레이디핑거를 붙인 다음 바바리안 크림과 과일을 채워 만든 후 차갑게 제공하는 디저트이다.
château-briand	쇠고기의 안심 부위를 두툼하게 잘라 그릴에 구운 다음 château potatoes, 혹은 soufflé poatoes, 그리고 bearnaise sauce와 함께 제공하는 요리이다.
clarify	스톡이나 콩소메 등의 액체를 탁하게 하는 부유물이나 침전물(suspended particles and sediment)을 제거하여 맑게 하는 작업이다.
cocotte	'Casserole'을 뜻하는 프랑스어로 daubes, braised dishes를 요리하는 데 사용한다.
concentrate	Boiling, drying, freeze-drying에 의해 식품에 함유되어 있는 수분을 제거하는 것으로, 향과 맛을 더욱 진하게 하는 방법이다.
condiment	음식에 직접 향미를 첨가하기 위해 사용하는 양념 혼합물이다. Seasoning과의 차이점은 양념을 첨가하는 시점이라고 할 수 있다.
confection	아이스크림이나 사탕, fruit preserves 등 단맛이 나는 음식을 나타내는 용어이다.

confiture	Jam, jelly, marmalade나 fruit preserves를 뜻하는 프랑스어이다.
consommé	채소와 육류 등을 이용하여 만든 맑은 수프를 뜻하는 프랑스어이다.
coq au vin	닭과 양파, 버섯, 베이컨, 레드 와인을 사용하며 만든 프랑스의 닭요리로 coq는 수탉, vin은 와인을 의미한다.
coquilles	'가리비 조개'를 뜻하는 프랑스어이다.
cornmeal	맷돌로 간 옥수수가루이다.
court-bouillon	채소와 식초, 와인, 허브 등을 물과 함께 30분 정도 끓이는 육수로 생선과 해산물 등을 poaching하는 데 사용한다.
couscous	작고 둥근 좁쌀 모양의 세몰리나(semolina) dough에 고운 밀가루를 코팅해서 만든 것으로, 육류나 채소에 cumin으로 향을 낸 북아프리카의 스튜요리에 많이 사용한다.
crème	'크림'을 의미하는 프랑스어이다.
crème de cassis	Black currant를 이용해 만든 리큐어로 kirsch를 만드는 재료이다.
Creole cooking	뉴올리언스와 루이지애나에서 유래한 음식으로 프랑스와 스페인, 아프리카의 음식을 혼합하여 맛의 조화를 이룬다. 버터와 크림, 고추, 양파, 셀러리, 토마토, filé powder를 주로 사용한다. Filé powder는 sassafras tree의 잎을 빻은 가루로 Cajun, Creole cooking의 양념이나 농후제로 많이 쓰인다.
crêpe	팽창제를 사용하지 않은 반죽으로 만드는 프랑스의 팬케이크로 crêpe pan에 매우 얇게 부친다.
crêpe suzette	버터, 오렌지소스와 크레이프, grand mariner, 또는 브랜디를 넣어 flambé하는 요리이다.
crépinette	작고 납작한 프랑스식 소시지로 돼지고기, 양고기, 송아지고기, 닭고기로 만든다. 송로버섯으로 향을 내기도 하며 케이싱(casing)보다 caul로 싼다.
crevette	'새우'를 뜻하는 프랑스어이다.
croissant	이스트, 밀가루, 버터 등을 넣어 만드는 pastry로 초승달 모양을 하고 있고 터키에서 유래되었으나 프랑스에서 더욱 유명하다.

croquem-bouche	'크로깽부쉬'는 바삭바삭한 과자라는 의미의 프랑스어로 슈에 크림을 채우고 캐러멜로 고정시켜 피라미드 형태로 쌓아 올린 탑 모양의 과자이다. 프랑스의 결혼식 축하 케이크로 사용된다.
crouton	빵 조각을 큐브 모양으로 썰어 양념한 후 구운 것으로 수프나 샐러드에 garnish로 사용한다. 또한 데코레이션 모양으로 작게 만들어 찬요리에 가니쉬로 사용하는 아스픽 조각을 말한다.
cuisine	요리나 주방을 뜻하는 프랑스어이다.
cutlet	돼지고기, 송아지고기의 다리나 갈비 부분을 얇게 저며 달걀물을 묻히고 빵가루를 입혀 튀긴 것이다.

D

daube	쇠고기, 적포도주, 채소 등과 양념을 합하여 daubiére에서 브레이징한 프랑스요리이다.
daubiére, toipin	깊이가 깊고 식물의 알뿌리처럼 생긴, 세라믹이나 금속으로 만든 손잡이가 높이 달린 중간 크기의 뚜껑이 있는 프랑스식 냄비로 daubes나 다른 브레이징 요리를 하는 데 사용한다.
deglaze	육류나 가금류를 조리한 후 팬에 남아 있는 food particles을 스톡이나 와인으로 용해시키는 작업을 말한다. 이 액체는 주로 소스를 만드는 데 사용한다.
degrease	스톡이나 수프, gravy 등을 조리할 때 표면에 떠 있는 지방을 제거하는 작업이다.
déjeuner	'점심 식사'를 뜻하는 프랑스어이다.
demi	1/2을 뜻한다.
demi glace	브라운소스와 브라운스톡을 동량으로 혼합한 후 이것을 1/2로 줄인 소스로 다른 소스를 만드는 데 기본(base)으로 사용하는 소스이다.
demi sec	'Half dry'라는 의미의 프랑스어로 스파클링 와인이나 샴페인에 적용하며 당 함량이 3.5~5%인, 비교적 단맛이 나는 와인에도 표시한다.

demi-tasse	일반 커피 잔 용량의 1/2 정도 되는 잔을 의미하는 프랑스어로 식후에 마시는 강하고 진한(strong and flavorful) 블랙커피이다.
devil's food	진한 초콜릿색의 농도가 짙은 초콜릿 케이크 또는 쿠키이다.
dip	크림 정도 농도의 소스나 양념으로 생채소나 크래커, 감자 칩 등을 찍어 먹는다. 대개 마요네즈, 사워크림, 크림치즈와 향신료를 혼합하여 만든다.
dissolve	'녹이다', '용해시키다', '액체로 만들다'는 뜻이다.
digestif	브랜디나 리큐어 등 식후에 마시는 알코올성 음료로 소화를 도와준다.
disjoint	치킨의 넓적다리(thigh)에서 다리(leg)를 분리하는 것처럼 살이 붙어 있는 두 개의 뼈를 관절로부터 분리하는 작업이다.
dough	밀가루 반죽, 또는 밀가루와 다른 재료들을 합쳐 놓은 반죽을 말한다.
dredging	식품의 표면을 밀가루나 매우 고운 빵가루로 코팅하는 작업으로 재료를 굽거나 튀기기 전에 한다. 일반적으로 breading의 첫 번째 순서라고 할 수 있다.
dress	샐러드의 경우는 드레싱을 뿌리는 작업이고, 육류, 생선류, 가금류는 내장이나 털을 제거하는 과정을 의미한다.
dripping	'Pan dripping'이라고도 하며 고기를 구울 때 흘러나오는 지방과 육즙으로 팬에 모아서 소스를 만드는 데 사용한다.
drizzle	요리 위에 흐르는 혼합물을 천천히 부어 그 혼합물이 요리에 골고루 흘러서 덮이도록 하는 작업이다.
durum wheat	글루텐 성분이 풍부하지만 baking에는 적합하지 않은 밀가루로 입자가 거칠고 소량이다.
dust	차 잎의 품질이 좋지 않고 거친 상태, 또는 가루제품이나 설탕 등으로 요리를 살짝 덮어 주는 작업을 뜻한다.
dutch coffee	'네덜란드 커피'라는 의미로 찬물을 사용하여 12시간 우려내는 커피이며 카페인의 함량이 거의 없다.
duxelles	샬롯과 버섯, 허브를 곱게 다진 후 버터와 함께 조리하여 진한 페이스트 상태로 만든 것으로, 소스와 수프의 향과 모양을 낼 때, 또는 stuffing으로 사용한다.

E

earl Grey	인도와 스리랑카 차의 혼합물로 bergamot oil 향이 난다. 우유와 레몬을 넣지 않고 마신다.
eggnog	크리스마스에 마시는 차가운 음료로 우유와 크림, 달걀, 설탕, 넛멕, 브랜디, 럼의 혼합물이다.
egg ben-edict	브런치 또는 아침 식사 대용으로 먹는 머핀으로, 머핀을 토스트한 다음 그 사이에 햄과 베이컨, poached egg, 홀랜다이즈 소스를 얹어 먹는다.
English muffin	토스트 대용으로 브런치나 아침 식사에 많이 사용하며 이스트로 둥글게 부풀린 후 평평한 번철에서 굽는 머핀이다.
emulsion	물과 기름처럼 혼합되지 않는 두 가지 액체를 혼합시키기 위해 유화제를 첨가하여 혼합시키는 것으로, 마요네즈와 홀랜다이즈 소스를 만드는 원리, 또는 이 원리를 이용하여 만들어진 내용물을 의미한다.
entrée	미국에서는 탄수화물과 채소로 구성된 육류, 가금류, 생선 등의 main dish를 뜻한다. 유럽에서는 first course를 말한다.
E.P.	'Edible portion'의 약자이다.
épice	'향신료'를 뜻하는 프랑스어이다.
ESB	'Extra special bitter'의 약자로, 몰트 향이 강하고 바디가 풍부하며 색이 진한 맥주이다.
escalope	얇은 조각, 두드려서 얇고 평평하게 만든 고기를 뜻하는 프랑스어이다.
mayonnaise l'espagnole	마늘, 겨자, 파프리카로 향을 내고 햄을 garnish로 쓴 프랑스식 마요네즈로, 스페인식 마요네즈라고도 한다.
essence	허브, 향신료, 꽃에서 추출하여 농축한 액체로 향이 나는 물질이다.
extracts	증류, 또는 증발을 이용해서 여러 재료로부터 얻은 농축된 향신료, 액체로 적은 양으로도 향을 전달할 수 있는 물질이다.

F

fabricate	육류, 가금류, 생선 등의 큰 item을 작은 portion으로 자르는 작업(butchering)을 뜻한다.
farce	'Stuffing'의 프랑스어이다.
farfalle	'나비'를 뜻하는 이탈리아어로 egg dough로 만드는 나비넥타이 모양(bow-shaped)의 파스타(pasta)이다.
farfalloni	좀 더 큰 모양의 farfalle이다. 작은 것은 farfalline, farfallette라고 한다.
farine	'밀가루'를 뜻하는 프랑스어이다.
fermenta-tion	'발효'이다.
fettucce	가장 넓은 fettuccine이고 좁은 것은 fettuccelle라고 한다.
fettuccine	'Fettuccini'라고도하며 얇고 납작한 리본 모양의 파스타를 뜻하는 이탈리아어이다. 직선으로 된 것과 약간 컬이 있는 모양의 두 가지가 있다.
filet, fillet	육류나 생선에서 뼈, 또는 가시를 제거한 후 포를 뜬 것이다.
financier	아몬드 가루, 달걀흰자, 버터 등을 이용하여 만든 작고 한입 크기의 사각 디저트 케이크이다.
flake	도구를 이용해 식품을 작은 조각(small slivers)으로 자르거나 납작하게 하여 여러 겹으로 만드는 작업이다.
flan	과일이나 커스터드 크림을 채워서 구운 타르트이다. 스페인어로는 creme caramel 이다.
focaccia	이스트로 발효시킨 납작한 빵으로 반죽에 올리브 오일, 소금, 로즈마리, 올리브 등을 올려 구우며 전통적으로 감잣가루를 사용한다.
foie gras	비대하게 만든 거위, 또는 오리의 간으로 두 개의 부드럽고 둥근 회갈색 lobes로 되어 있다. 통조림으로도 가공한다.
fond	'Stock'을 뜻하는 프랑스어이다.

fondant	'녹이다'의 프랑스어로 설탕 등을 녹여 식힌 다음 계속 저어 주면서 결정을 생기게 하는 원리로 만든 달고 불투명한 sugar paste이다. 케이크, 쿠키 등의 표면을 glazing하는 데 사용한다.
fondu	스위스의 요리로 초콜릿 또는 치즈에 와인을 섞어 녹인 후 과일, 빵, 채소 등을 찍어 먹는 요리이다.
forcemeat	다져서 익히거나 혹은 생으로 사용하는 육류, 생선, 해산물, 가금류, 채소 등과 결합제(binder)를 넣고 양념한 후 기름으로 유화시킨 것으로 빠떼, 테린, 갈란틴과 소시지 같은 charcuterie item을 만드는 기본이 된다. Basic과 countrystyle, mousseline의 3가지 스타일이 있다.
frappe	과즙 또는 과일 향을 첨가한 액체를 슬러시하게 얼리는 것이다.
fraise	'딸기'의 프랑스어이다. Fraise des bois는 '야생딸기'이다.
flambé	'불꽃을 일으키다'라는 프랑스어로 음식을 서브하기 전에 알코올류를 넣고 불을 붙여 향을 첨가하는 작업이다.
framboise	'Raspberry'의 프랑스어이다.
freddo	'Cold'의 이탈리아어이다.
fricassée	닭고기, 송아지고기를 버터와 함께 색깔이 나지 않게 조리한 다음 와인과 채소를 넣어 끓인 white stew이다.
frizzle	얇게 자른 고기나 베이컨 등을 높은 열로 튀겨서 바삭하고 둥글게 말리도록 한 것이다.
fromage	'Cheese'의 프랑스어이다.
fromage de soya	프랑스어로 '두부'이다.
fruit de mer	'바다의 과일'이라는 의미로 여러 가지 해산물의 혼합을 뜻하는 프랑스어이다.
fudge	설탕, 버터, 크림, 향신료 등을 넣어 만든 semisoft candy로 특히 soft-ball stage에서는 초콜릿을 추가하고 가끔 견과류 등을 추가하기도 한다. Butterscotch가 대표적인 상품이다.
fumé	'훈제'를 뜻하는 프랑스어이다.

fumet	생선뼈와 갑각류의 껍질, 채소 등으로 만드는 농축된 stock으로 소스와 수프를 만드는 데 사용한다.
funghi	'버섯'이라는 뜻의 이탈리아어이다.
fusilli	나선형의 스파게티로 thick sauce와 함께 제공한다.

G

galantine	다진 가금류나 생선, 송로버섯, 올리브 등을 조류나 육류의 껍질로 싼 다음 스톡에 넣어 poaching하여 만든 요리로 차게 먹는다.
galette	새해에 먹는 프랑스식 타르트로 puff pastry나 이스트로 발효시킨 반죽으로 만들며 굽기 전에 설탕을 뿌린다. 아몬드 크림을 채우고 안에 조그만 도자기 인형을 숨겨 만든 후 인형을 찾는 사람이 그날의 왕이 될 수 있다는 이야기를 가지고 있다.
game	사냥으로 얻을 수 있는 포유동물이나 조류, 어류를 뜻한다.
ganache	초콜릿과 가열한 휘핑크림을 혼합하여 만드는 초콜릿 아이싱이다.
garni	'Garnished'의 프랑스어이며 채소, 감자가 곁들여진 음식을 표현할 때 사용하는 용어이다.
garniture	'고명'을 뜻하는 프랑스어이다.
gastrique	식초로 deglaze한 caramelized sugar로 과일 향이 나지만 달지 않은 소스, 또는 토마토를 base로 한 소스에 사용한다.
gastronome	정확한 감식력을 가진 미식가, 식도락가, 요리 비평가를 의미한다.
gâteau	'Cake'의 프랑스어이다.
gaufres	'Waffles'의 프랑스어이다.
gazpacho	스페인 남부 안달루시아 지역에서 유래된 차가운 토마토 수프로 오이, 토마토, 양파, 올리브 오일, 식초, 빵 등을 넣어 만든 후 냉장고에서 하루 정도 숙성시킨 후 먹는다.
gelatin	무취, 무색, 무미의 농후제이며 찬물에 담아 젤리로 만든 후 가열하여 용해시킨다. 육류의 연골에서 나온 단백질 성분이다.

gelato	'아이스크림'의 이탈리아어이다.
glace	'아이스크림'의 프랑스어이다.
génoise	'스펀지케이크'를 뜻하는 프랑스어이다.
gherkin	피클에 사용하는 작은 녹색 오이이다.
gianduja	'잔두야'라고 하며 밀크초콜릿과 헤이즐넛을 혼합한 것으로, 스페인과 멕시코식 pastry를 만드는 데 많이 사용한다.
giblets	조류 내에서 요리에 사용할 수 있는 부위로 미국에서는 심장, 간, 모래주머니, 목이며, 프랑스에서는 여기에 닭 볏과 콩팥도 포함시킨다.
gin	쥬니퍼 베리와 곡류를 이용해 만든 증류주로 London dry jin은 미국과 영국에서 만든 무색의 진이다. Hollands gin은 보리로 만들어 독특한 맛을 가진 네덜란드 특산품이다.
ginseng	'인삼'이다.
ginger ale	생강 맛이 나는 탄산음료이다.
glaze	음식의 표면을 윤이 나게(shiny), 또는 갈색으로 코팅하거나 케이크나 pastry 위를 얇게, 향이 나도록 코팅하는 작업이다.
gnocchi	'Dumpling'이라는 의미의 이탈리아어로 감자 퓌레, 밀가루, 전분 또는 쌀가루, 달걀 등을 혼합하여 둥근 모양으로 만들어 끓는 물에 익히거나 구운 이탈리아요리이며 소스와 함께 먹는다.
goma	'참깨'를 뜻하는 일본어이다.
goulash	헝가리의 대표적인 스튜로 쇠고기, 양파, 파프리카를 사용해서 만든다.
gourmet	식음료에 대한 감식가, 감정가(connoisseur)라는 뜻이다.
gremolada	다진 파슬리, 마늘, 레몬 제스트(zest)를 섞은 향신료 가니쉬로 이탈리아요리인 ossobuco에 사용한다.
gumbo	열대식물 okra의 아프리카어이다. 루이지애나의 대표적인 스튜의 이름으로 육류, 가금류, 해산물, 오크라, 토마토, 양파를 넣고 월계수 잎과 우스터소스, cayenne으로 향을 낸다.

gyro	다진 양고기 꼬치요리로 그리스의 특산물이다. 납작한 빵인 pita에 구운 채소와 gyro, 요구르트소스를 올려 먹는다.
grate	거친 표면을 이용해 입자를 작게 부수는 작업이다.
grater	'강판'이다.

H

haricots	'콩'을 의미하는 프랑스어이다.
hash	'잘게 다지다'라는 뜻이다. 다진 쇠고기, 감자, 피망, 셀러리, 양파를 팬에 볶은 후 수란이나 프라이한 달걀 위에 얹어 제공하는 것을 말한다.
haute cuisine	예의를 갖춘 완벽하고 우아한 음식, 매우 훌륭한 음식을 말한다.
headcheese	송아지나 돼지의 머리 부분을 양념하여 만든 소시지로 얇게 썰어 차게 제공한다.
hock	포유동물의 다리 아랫부분으로 사람의 발목(ankle)을 말한다. 또한 라인강 유역에서 생산된 독일의 화이트 와인을 뜻하는 영국어이다.
hors d'œuvre	수프 전에 먹는 가벼운 전채(appetizer)를 뜻하는 프랑스어이다. 원래는 건축과 관련된 용어였으나 17세기 말에 '식욕을 자극하기 위해 먹는 냉, 혹은 온전채'를 가리키게 되었다.
homard	'바닷가재'를 의미하는 프랑스어이다.
homogenization	'균질화'로 우유를 매우 빠른 속도로 돌려서 지방구를 안정적이고(stable) 균일하게(uniform) 분산(dispersion)시키는 것이다.
huile	'기름(oil)'을 뜻하는 프랑스어이다.

I

iceberg lettuce	19세기 말 미국에서 개발된 상추 품종으로 crisp head lettuce의 변종이다. 중심부는 희고 노란 잎들이 빽빽하게 들어차 있으며 표면은 엷은 녹색의 잎으로 싸여 있다.
icewine	얼어 있는 포도를 수확하여 생산한 와인으로 독일에서는 eiswein이라고 한다. 단맛이 강한 디저트 와인이다.
icing sugar	아이싱은 버터크림이나 가니쉬 등으로 케이크나 pastry의 위를 덮거나 채우는 작업이며 이 작업에 사용하는 설탕을 icing sugar라고 하며 영국어로는 confectioner's sugar라고 한다.
infusion	허브나 과일 등 향이 있는 재료를 물이나 기름 등의 액체 용액에 담아 그 향을 추출해 내는 것, 또는 다양한 향과 맛을 낸 소스를 뜻한다.
invert sugar	전화당으로 열과 산에 의해 포도당과 과당으로 분해된다. 꿀에 많이 들어 있다.
Irish Coffee	아일랜드 위스키와 뜨거운 블랙커피, 설탕을 섞은 후 위에 휘핑크림을 올린 커피이다.
Italian dressing	올리브 오일과 와인식초, 레몬주스, 오레가노, 바질, 딜, 마늘, 펜넬 등을 혼합해서 만든 샐러드드레싱이다.
Italian meringue	거품 친 달걀흰자에 115~118℃의 뜨거운 설탕 시럽을 넣어 만드는 머랭으로 단단하고 하얗다. Boiled icing이라고 하며 cake frosting에 사용한다.

J

jalapeño	멕시코의 도시 Jalapa에서 이름을 딴 고추로 육질이 두껍고 중간 정도의 매운맛이며 진한 녹색의, 길이 5cm 정도의 작은 고추로 익으면 붉게 변한다.
jam	과육(fruit)과 설탕을 넣고 졸여 만든 겔(gel) 상태의 혼합물이다.
jambon	'Ham'의 프랑스어이다.
jelly	과일즙(fruit juice)과 설탕, 펙틴 등을 넣고 졸여 만든 투명하고 윤기 있는 혼합물로, 부드럽지만 단단하고 mold를 제거했을 때 형태를 유지할 수 있다. 영국어로는 여러 가지 젤라틴 디저트를 뜻한다.

jellyfish	'해파리'이다.
jujube	'대추'로 Chinese date, Chinese jujube, red date라고도 한다.
jus	과일, 채소 등의 즙(juice)을 뜻하는 프랑스어로 육류나 생선에서 나오는 즙을 일컫기도 한다.

K

kartoffel	'감자'를 뜻하는 독일어이다.
kahlúa	멕시코의 커피 향이 나는, 진한 갈색의 리큐어이다.
kalamansi	원산지는 필리핀이며 작고 둥근 레몬이다. 밝은 녹색의 껍질과 노란색 과육, 신맛을 지니고 있다. 주스는 음료를 만드는 데 사용하고 껍질은 디저트의 가니쉬로 사용한다.
Kalamata, Calamata	크기나 모양이 아몬드처럼 긴 그리스산 올리브로 어두운 보라색을 띠며 과일 향이 난다. 올리브 오일이나 식초에 담아 보관하는데 가운데 칼집을 넣어 주면 절임액을 더 잘 흡수한다.
katsuobushi	참치를 쪄서 훈제하여 말린 다음 대패로 밀어서 만든 얇은 핑크색의 플레이크(flake)로 일본요리에서 다시를 만들 때, 또는 가니쉬로 사용한다.
kebab, kabob	고기를 다지거나 작게 썰어 양념액에 절였다가 꼬치에 끼어 그릴에 굽는 요리이다.
kecap manis	인도네시아의 콩으로 만든 진한 갈색의 걸쭉한 소스로 팜 슈가(palm sugar)와 마늘, 스타아니스, 기타 향신료를 넣어 만든다. 간장보다 더 달고 풍미가 좋다.
kirsch	독일어로 체리를 뜻하며 독일과 스위스에서 나는 semisweet cherries를 두 번 증류하여 만든 맑은 체리 브랜디를 뜻하기도 한다.
korma	인도어로 브레이징(braising)을 뜻한다. 또한 인도와 파키스탄의 양고기와 채소로 만든 커리를 말한다.

L

lady finger	타원형이고 손가락 모양을 한, 표면에 설탕을 뿌린 스펀지 쿠키로 19세기에 유행하였다. Ladyfinger라고도 하고 Savoy cake, Savoy drop이라고도 한다.
lager	발효에 의해 생산된 맥주를 냉장 시설이 되어 있는 저장고에 결정이나 침전물이 없어질 때까지 1~3개월 보관하여 맑고 투명한 황금색이 되게 한 맥주를 말한다. 또는 이렇게 보관하는 방법을 뜻한다.
lait	'우유'를 뜻하는 프랑스어이다.
latte	'우유'를 뜻하는 이탈리아어이다.
leche	'우유'를 뜻하는 스페인어이다.
lambic	Wild yeast와 beer-souring bacteria에 의해 생산한, 쓴맛이 나는 벨기에 맥주이다.
lard	지방이 부족한 육류에 조리 후 수분과 부드러움을 주기 위해 기름을 얇게 길이로 잘라 육류 속에 주입하는 방법이다. 주로 정제한 돼지 지방을 사용한다.
larding needle	지방이 부족한 육류에 지방을 삽입하기 위해 사용하는, 끝이 뾰족하고 속이 비어 있어(hollow body) 라딩하려는 물질을 속에 넣을 수 있는 도구이다.
lardon, lardoon	Lard meat에 사용하는 얇게 길이로 자른 지방 조각이나 프랑스요리에서 다이스로 썰어 블랜칭하거나 튀겨서 사용하는 베이컨을 뜻한다.
lasagna	넓고 납작한 인도의 파스타 시트(pasta sheet)나 익힌 라자냐(boiled lasagna)를 리코타, 또는 모짜렐라 치즈와 육류, 채소, 토마토, 베샤멜소스를 층으로 얹어서 구운 이탈리아요리를 말한다.
lassi	요구르트에 물을 타고 설탕과 rose essence, 또는 rose water로 향을 낸 인도의 차가운 음료이다.
lean	육류, 가금류, game, 생선, 또는 해산물의 지방 등급을 분류하는 용어로 100g당 10g 이하의 지방과 4g 이하의 포화지방산, 95mg 이하의 콜레스테롤을 함유한 식품에 표기한다.
leaven	공기 주입이나 다른 가스에 의해 반죽(dough, batter)의 부피가 증가하는 것을 말한다.

levadura	'이스트'를 뜻하는 스페인어이다.
levure	'이스트'를 뜻하는 프랑스어이다.
levure chimique	'Baking powder'를 뜻하는 프랑스어이다.
liqueur	허브나 향신료, 견과류, 과일 등의 재료와 증류주로 만든 달고 알코올 함량이 많아 강한 맛이 나는 술로 식후에 마시거나 칵테일의 원료로 사용한다. 미국에서는 cordial이라고 한다.
loin	동물의 허릿살, 늑골 살 등 척추 양쪽 부분에 있는 살이다.
lollipop	나무 막대기나 종이 스틱에 여러 가지 모양의 단단한 사탕을 올린 것으로 'sucker'라고 한다.

M

macaroon	설탕과 아몬드 페이스트나 아몬드 가루, 달걀흰자를 섞어 만든 씹힘성이 있는(chewy) 쿠키이다. 아몬드 대신 코코넛을 사용하기도 하며 사이에 크림이나 초콜릿, 잼을 발라 두 개를 맞붙인다.
maccheroni	'Macaroni'의 이탈리아어이다. 마카로니는 속이 빈(hollow or pierced), 짧은 튜브 모양의 파스타이다.
Madeira	포르투갈의 섬 이름인 마데이라는 주정강화 와인으로 발효 과정 중 더운 기후와 강한 햇볕에 노출시키고 estufa라는 더운 저장고에서 숙성되므로 당분이 캐러멜화된 향과 단맛을 가지게 되므로 식전주로 많이 사용하게 된다. 사용하는 포도의 품종은 sherry와 비슷하여 Malmsey, Boal, Sercial, Verdelho 등이다.
madeleine	조개껍질 모양의 틀(shell-shaped mold)에서 구워 낸 작은 스펀지케이크로 차, 커피와 함께 먹는다.
maïs	'옥수수'를 의미하는 프랑스어이다.
maison	'집(house)'을 의미하는 프랑스어이다.
maître d'hôtel	호텔의 수석 웨이터, 또는 dining room manager를 뜻하는 프랑스어이다.

malt	보리를 싹 틔워 만든 엿기름이다.
maple syrup	북아메리카의 단풍나무 수액을 농축시켜 만든 시럽으로 적갈색이고 농도가 있다.
margarine	버터 대용으로 개발된 유지류로 식물성 기름에 수소를 첨가하여 고체화시킨 것이다.
Margarita	테킬라와 라임 주스, triple sec이나 cointreau와 같은 오렌지 향이 나는 리큐어로 만든 칵테일로, 컵의 가장자리를 라임 주스에 적신 후 소금을 묻혀 마신다.
marinate	생선, 육류, 채소 등의 식품을 식초나 와인, 향신료 등의 혼합물에 양념이 배도록 절이는 작업으로 이때 사용하는 절임액을 marinade라고 한다.
marmalade	Citrus fruits를 껍질째 썰어 설탕과 함께 오래 끓여 형태가 없어지면서 형성된 citrus jelly를 말한다. 또는 과일이나 양파를 오래 조리하여 젤리와 같은 상태가 된 퓌레(jellylike puree)를 뜻한다.
marrow	정강이뼈나 다리뼈의 가운데 들어 있는 부드럽고 지방이 많은 물질로 아이보리색을 띠고 있다. 조리 후 풍미가 좋아진다. Bone marrow, marrowbone이라고도 한다.
marzipan	설탕과 아몬드 가루, 달걀흰자를 섞어 만든 달고 유연성 있는 페이스트로 색소를 첨가하여 성형한 후 데코레이션으로 사용하거나 candy filling, cake coating에 사용한다.
matcha	일본식 다도에 사용하는 녹차가루로 상쾌하고 수렴성의(astringent) 맛을 가지고 있다.
melba toast	얇은 흰색의 빵을 낮은 온도에서 황갈색으로 바삭하게 구운 토스트이다. Dame Nellie Melba는 오스트레일리아의 콜로라투라소프라노 가수인데 그녀의 팬이었던 조리사 Auguste Escoffier가 그녀의 다이어트를 위해 개발했다고 한다.
melt	지방이 많은 식품에 열을 가해 천천히 부드럽게 만들고 용해시키는 과정이다.
meunière	'Miller's wife'를 뜻하는 프랑스어로 재료에 양념을 한 후 밀가루를 살짝 입혀 버터에서 익히는 조리 방법이다.
mezzaluna	한 개 혹은 두 개의 초승달 모양의 두터운 칼날과 양쪽 손잡이를 가진(two-handled) 칼로 채소를 다지는 데 사용한다. Mincing knife라고도 한다.
meze	Feta cheese, 올리브, 견과류, 해산물 등 에피타이저를 뜻하는 그리스어, 터키어이다.

mikado	간장과 유자 주스로 양념한 일본음식의 스타일을 표현할 때 사용하는 프랑스어이다.
mince	재료를 매우 곱게 다지는 것이다.
mirepoix	무게 대비 양파 50%, 당근과 셀러리는 각각 25%씩 굵직하게 썰어 혼합한 것으로 육수나 스튜의 향을 내는 데 사용한다.
miso	쌀이나 보리로 만든 일본식 된장이다.
mousse	'거품'이라는 뜻의 프랑스어로 스파클링 와인이나 맥주의 head 부분을 뜻하기도 하는 프랑스어이다. 부드럽고 달콤한, 또는 단맛이 나지 않는 거품 형태의 디저트로 휘핑크림과 달걀흰자, 퓌레, 젤라틴 등을 사용하여 만들며 차게 먹는다.
mousseline	소스나 크림에 휘핑크림을 섞은 것으로 부드럽고 가벼운 질감을 가지고 있다. 또한 커피 캔이나 이와 유사한 형태의 틀(mold)에 넣어 구운 긴 실린더형의 브리오슈 브레드이다. White meat이나 생선, 해산물에 크림과 달걀흰자를 섞어 부드러운 맛이 나도록 만든 forcemeat을 뜻하기도 한다.
MSG	'Monosodium glutamate'로 인공 조미료이다.
muddler	칵테일 재료를 섞는, 끝이 납작한 스틱이다.
muesli, musli	굽거나 굽지 않은 곡류와 말린 과일, 견과류, bran, 맥아(wheat germ), 설탕 등의 혼합물로 우유나 요구르트와 함께 먹는 아침 식사 시리얼로 granola라고도 한다.
mise en place	'Putting in place'로 해석하며 조리에 필요한 도구 및 준비 작업을 말한다.

N

naan	인도의 납작한 빵으로 흰 밀가루를 발효시켜 탄두르 오븐에서 굽는다. 씹힘성이 있고 마늘과 양파, 기타 향신료로 맛을 내기도 한다.
nabe	'냄비(pot)'를 뜻하는 일본어이다.
nachos	Tortilla chips를 녹인 치즈와 칠리, 또는 살사, 사워크림과 함께 먹는 멕시코나 남아메리카의 스낵이다.

nam	'물'을 뜻하는 태국어이다.
nappé	'덮다'라는 의미의 프랑스어로 요리를 소스로 덮는 것을 뜻한다. 또한 소스와 같은 액체의 농도를 테스트하는 방법으로 스푼의 뒷면을 이용한다. 테이블보를 뜻하는 프랑스어이다.
needling	칼끝과 같이 뾰족한 끝으로 찔러 근섬유가 끊어지게 함으로써 육류를 부드럽게 만드는 작업으로 pinning이라고도 한다.
nouvelle cuisine	'새로운 요리법'을 의미하는 프랑스어로 20세기 중반에 사용하기 시작했다. 천연 향신료의 사용과 조리시간의 단축 등이 키워드이다.
noisette	'헤이즐넛'을 뜻하는 프랑스어이다.
nori	'김'을 뜻하는 일본어이다.
nuoc mam	'생선소스'를 뜻하는 베트남어이다.

O

oaky	와인 테이스팅 용어(wine-tasting term)로 오크통에서 숙성되면서 발생한 toasty, spicy, 그리고 바닐라와 유사한 향(vanilla-like aroma)을 말한다.
oatcake	오트밀, 소금, 베이컨과 따뜻한 물로 만든 크고 얇은 둥근 반죽으로 한 조각씩 잘라 오트밀을 위에 뿌리고 가장자리가 말려 올라올 때까지 철판에서 굽는다. 무염버터 또는 cottage cheese와 함께 차게, 혹은 따뜻하게 제공한다.
œuf	'달걀'을 뜻하는 프랑스어이다.
off-aroma, off-flavor	음식이나 음료의 관능평가 용어로 일상적이지 않고 바람직하지 않은 향, 흔히 '이향(異香)'이라고 한다.
oignon	프랑스어로 '양파'이다.
oignon brulée	프랑스어로 '불에 태운 양파(burned onion)'라는 뜻으로 육수나 소스에 원하는 색을 얻기 위해 양파를 반으로 갈라 태운 후 첨가한다.
oily	관능평가 용어로 식품이 가지고 있는 자체의 기름으로 인해, 또는 조리 과정 중 지나친 기름의 사용으로 인해 표면이 기름져 보이는(greasy surface) 상태를 나타낸다.

Oktoberfest	1810년 독일에서 Ludwig 왕자와 Theresa 공주의 결혼식을 축하하기 위해 시작된 맥주 축제로 매년 9월 말에서 10월 초에 뮌헨에서 거행된다.
old-fashioned glass	길이가 짧고 둥근 컵으로 바닥이 무겁고 두툼하다. 용량은 3~10fl. oz. 정도로 short drinks, rocks 등을 마실 때 사용한다.
one-pot meal	육류와 채소, 탄수화물 식품을 한 냄비에 넣고 조리한 음식으로 New England boiled dinner라고도 한다.
on the rocks	'lowball'이라고도 하며 얼음 위에 물이나 기타 mixer 없이 제공하는 알코올성 음료이다.
oolong tea	부분 발효한 차 잎을 우려서 마시는 차로 색은 녹차와 홍차의 중간 정도이며 부드럽고 향기롭다.
opaque	'불투명하다'는 뜻인데 stout, dark red wine과 같은 맥주와 와인의 관능평가에서는 밝지만 투명하지는 않은 상태를 말한다.
open-faced sandwich	자른 빵 조각 위에 치즈나 오이, sliced meats 등을 얹어 차게, 혹은 hot gravy sauce를 데워서 뜨겁게 제공하는 샌드위치이다.
ordinary	식음료의 관능평가 용어로 특히 와인의 경우 특징(distinction)이나 정교함(finesse)이 없을 경우 사용한다.
orzo	이탈리아어로 '보리'이며 쌀알 모양의 파스타를 뜻하기도 한다.
os	프랑스어로 '뼈'이다.
osso buco, ossobuco	송아지 정강이뼈를 올리브 오일과 백포도주, 육수, 양파, 토마토, 마늘, 당근, 셀러리, 레몬 껍질을 넣고 브레이징한 이탈리아요리로 gremolada로 가니쉬하고 리조또(risotto)와 함께 제공한다.
ouzo	그리스산 브랜디로 아니스의 향이 강하다. 원래는 투명한데 물을 첨가하면 흐려진다.
oven-dried tomato	오븐에서 말린 토마토로 색이 진해지고 씹히는 듯한 질감이 생기지만 햇볕에 말린 토마토보다 향이 덜하다. 건조한 상태로, 또는 기름에 담아 보관한다.
oven frying, ovenizing	육류 표면에 밀가루와 기름을 바르고 baking sheet에 담아 뜨거운 오븐에서 굽는 방법으로 뒤집지 않는다.

oven prepared(OP)	상품의 표면에 '더 이상의 준비가 필요하지 않고 바로 조리할 수 있는 상태'를 표시한 용어이다.
overpro-duction	예상되는 식수보다 많이 생산했을 경우에 사용하는 용어이다.
overrun	아이스크림이나 이와 유사한 냉동제품의 용량(volume)이 증가한 상태로 냉동 과정에서 공기의 결합에 이상이 생긴 결과로 나타난다.
Oxford pudding	살구 타르트 위에 머랭을 얹은 영국식 디저트이다.
Oxford sauce	포트 와인에 red currant jelly를 녹이고 샬롯과 오렌지 제스트, 겨자로 향을 낸 영국식 소스로 game에 곁들인다.
Ozark pudding	다진 사과와 호두, 바닐라로 만들어 구운 푸딩으로 럼 향이 나는 휘핑크림(rum flavored whipped cream)과 함께 제공한다.

P

pad	태국어로 stir-fry를 뜻한다.
pad thai	태국의 국수 요리로 쌀국수와 두부, 으깬 땅콩, 달걀, 숙주, 피시소스(nam pla), 마늘, 고추 등의 향신료 등을 한꺼번에 볶는 음식이다.
paella	스페인의 쌀 요리로 채소와 소시지, 가금류, 생선과 해산물을 넣고 사프란(saffron)으로 양념하는 음식으로 양쪽 손잡이가 있고 직경이 넓은 빠에야 전용 팬에 만든다.
pain	'빵(bread)'을 의미하는 프랑스어이다.
pak	태국어로 '채소'를 뜻한다.
pale	Pale-colored brandies, 코냑, 또는 Armagnac에 붙이는 용어로 P.라고도 쓴다.
panada, panade	Forcemeat을 부드럽게 하고 유화가 잘 되도록 첨가하는 지방 이외의 물질로 베샤멜소스, 쌀가루, 또는 껍질을 제거한 우유에 적신 흰 빵 등이다. 또는 Quenelles에 사용하는 binding mixture로 choux pastry, 빵가루, 감자 퓌레 또는 쌀가루이다.
pane	'빵'을 의미하는 이탈리아어이다.

pare	채소나 과일의 얇은 껍질을 제거하는 작업으로 칼날이 짧은 paring knife나 vegetable peeler를 사용한다.
parfait	'완전한'이라는 뜻의 프랑스어로 파르페는 아이스크림과 소스와 생크림을 층층이 담은 디저트이며 길고 좁은 유리잔에 담는다. 얼린 커스터드나 과일 향을 첨가하여 얼린 얼음(water ice)을 뜻한다.
Parisian sauce, sauce Parisienne	크림치즈와 올리브 오일, 레몬주스, 처빌, 파프리카를 섞은 프랑스식 소스로 차가운 아스파라거스에 곁들인다.
pasta verde	시금치로 만드는 그린 파스타를 뜻하는 이탈리아어이다.
paste	표면이 잘 숙성된 치즈의 안쪽 부분을 뜻한다. 밀가루와 같은 전분과 물의 부드러운 혼합물에도 사용하는 용어이다.
pastirma	마늘과 큐민, 고춧가루, 페뉴그릭의 페이스트를 발라서 건조시킨 터키의 쇠고기 요리이다.
pastrami	갈빗살, 양지머리, 우둔살 등에 소금과 마늘, 후추, 고춧가루, 계피, 정향, 코리앤더 씨로 만든 양념 페이스트를 발라 건조시키고 훈제한 후 조리한 것으로 우리나라의 육포와 비슷하다.
pastis	아니스를 베이스로 하거나 감초 향을 낸 프랑스의 식전주로 pernod, ricard가 이에 속하며 물과 섞으면 흰색의 불투명한 액체로 바뀐다. 브랜디와 orange flower water로 향을 내는 프랑스 남서부의 이스트 발효 pastry이다.
pâte	Dough, paste, batter를 모두 포함하는 프랑스어이다.
pâté	'파이(pie)'를 뜻하는 프랑스어이다. 곱게 다진 고기를 pastry로 말아서 오븐에 구운 후 차게, 혹은 뜨겁게 제공하는 요리이다. 돼지고기, 송아지고기, 양고기, 쇠고기, 야생동물, 생선, 해산물, 가금류와 채소를 양념하여 구운 후 차게, 혹은 뜨겁게 제공하는 요리이다.
pâtisserie	모든 단맛 나는 baked foods, confections를 뜻하는 프랑스어이다. Pastry making art를 뜻하는 프랑스어이다. Pastry를 만들고 판매하는 상점을 뜻하는 프랑스어이다.

pâtissier, pâtissiére	'Pastry cook', 'pastry chef'를 뜻하는 프랑스어이다. 외식산업 분야에서 빵, pastries, 디저트를 포함한 모든 baked foods를 만드는 부서에 속한 인력을 뜻한다.
patty	갈거나 곱게 다진 육류나 생선, 채소로 만든 작고 둥근 반죽을 뜻한다. 사탕의 둥글고 납작한 조각을 뜻한다. 서인도의 크루아상 모양의 파이로 껍질이 얇고 양념을 많이 한 고기를 채운다. Pastechi, pastelillo라고도 한다.
pecan	북아메리카가 원산지인 견과류로 부드럽고 얇으며, 2열편이 있는 갈색의 껍질이 있으며 지방이 많다.
pectin	과일, 채소 등 식물 세포벽에 들어 있는 다당류이다. 점성이 있는 수용성 섬유소로 혈중 콜레스테롤을 낮추는 역할을 한다. 잼이나 젤리의 농후제로 사용한다.
peel	과일이나 채소의 껍질을 뜻하기도 하고 껍질을 제거하는 작업을 뜻하기도 한다. 나무나 금속으로 만든, 손잡이가 길고 표면이 넓어 피자나 발효 빵을 옮기는 데 사용하는 도구로 baker's peel, 또는 pizza paddle이라고도 한다.
penne	'펜'을 뜻하는 이탈리아어로 마카로니보다 크기가 크며 가운데 구멍이 뚫려 있는 튜브 모양의 파스타이다.
pepitas	멕시코요리에서 호박씨를 껍질 벗기고 볶아서 간식으로 먹거나 농후제로 사용한다.
pepperoni	쇠고기, 돼지고기에 고춧가루와 검은 후추, 붉은 후추를 넣어 만든 후 건조시킨 이탈리아 소시지로 그냥 먹을 수도 있고 샌드위치나 피자에 사용한다.
pesto	바질과 마늘, 올리브 오일, 잣, 파르메잔 치즈 또는 페코리노 치즈를 혼합하여 만든, 이탈리아의 대표적인 파스타소스이다. 미국에서는 바질이나 실란트로 등 여러 가지 허브 중에서 한 가지와 올리브 오일, 강한 맛의 경질 치즈, 잣을 사용하여 만든 소스를 뜻한다.
petit déjeuner	'아침 식사'를 뜻하는 프랑스어이다.
petit four	식사 후 커피와 함께 먹는 한입 크기(bite-sized)의 케이크 또는 pastry, 쿠키, confection을 뜻하는 프랑스어이다.
pickle	양념한 소금물이나 식초에 넣어 절인 음식이다.

pilaf	쌀을 뜨거운 기름, 또는 버터에 볶은 후 뜨거운 육수를 부어 수분이 다 흡수될 때까지 젓지 않고 조리하는 음식으로 여러 가지 향신료나 해산물과 함께 사용한다.
Piña Colada	'파인애플즙'이라는 의미의 스페인어로 럼과 파인애플 주스, 코코넛 크림을 섞은 칵테일이며 파인애플로 가니쉬하고 얼음 위에 올려 제공한다.
pinto bean	중간 크기의 옅은 핑크색 콩으로 적갈색의 줄무늬가 있다. Crab eye bean, red Mexican bean이라고도 한다.
pistou	프랑스의 프로방스 지역의 양념으로 신선한 바질과 다진 마늘, 올리브 오일로 만들며 가끔 파르메잔 치즈와 토마토를 추가하기도 한다. 흰색과 녹색 콩, 양파, 토마토와 pistou를 첨가하여 만드는 프랑스의 수프이다.
pla	태국어로 '생선'이다.
plank, planked	육류나 생선을 양념을 뿌린 나무판에서 조리하고 서브하는 조리법으로 나무 향이 음식에 전달되도록 하기 위한 방법이다.
plastic wrap	투명한 비닐로 음식과 용기에 이물질이나 공기가 들어가지 못하게 덮어 주는 역할을 한다.
point of sales system (POS)	판매상황과 현금 정보를 컴퓨터로 기록하는 시스템으로 식당에 위치해 바와 주방에 주문(orders) 내용을 전달하는 역할을 한다.
poisson	프랑스어로 '생선'이다.
polenta	'맷돌로 간 옥수수가루'를 뜻하는 이탈리아어이다. 콘밀에 액체를 첨가하여 부드러운 상태가 될 때까지 조리한 이탈리아 음식으로 뜨겁게 혹은 차게 먹으며 사각으로 잘라 굽거나 튀기기도 한다.
pomelo	'포도'를 뜻하는 스페인어이다.
pomodoro	'토마토'를 뜻하는 이탈리아어이다.
porridge	여러 가지 시리얼이나 곡류에 물이나 우유를 첨가하여 만든, 푸딩처럼 걸쭉한 음식으로 설탕이나 크림, 우유를 넣어 뜨겁게 먹는 아침 식사이다.
porter	어두운 색의 달콤하면서 드라이한 영국 런던의 상면 발효 맥주이다.
portion	식품을 특정한 크기나 1인분의 양으로 자르는 작업으로 무게나 부피로 분할하며, 분할된 1인분의 식음료의 양을 표시할 때도 사용한다.

potato nail	끝이 뾰족하고 머리 부분이 커다란, 못처럼 생긴 도구로 생감자에 삽입하여 감자를 구울 때 열이 빨리 전달되고 균일하게 익히기 위해 사용한다.
pot au feu	'Pot on the fire'라는 뜻의 프랑스어로 육류와 채소를 사용하여 진하게 끓이는 프랑스식 수프이다. 고기 국물은 육류와 채소를 먹기 전에 따로 제공하기도 한다.
potluck, potluck supper	주인이 특별히 준비하지 않고 손님들이 가져와서 서로 나누어 먹는 음식을 뜻하거나 레스토랑에서 배달되어 오는 음식을 뜻한다. covered-dish supper, covered-dish social이라고도 한다.
poussin	작고 어린 닭을 의미하는 프랑스어이다.
praline	크림과 황설탕, pecans, 아몬드, 헤이즐넛 등의 견과류로 만든 맛이 풍부한 hard candy이다. 그대로 먹거나 으깨서 pastry나 confection에 향을 내거나 충전물(filling), 또는 데코레이션으로 사용한다. 루이지애나와 텍사스에서 유행한 아이템이다.
preserve	식품의 유통기한을 연장하기 위해 조사(照射), canning, 진공포장, 건조, 동결, 보존제 등을 첨가하는 작업이다. 과일에 설탕과 펙틴을 넣고 졸여 만든 fruit gel로 과일 덩어리가 중간중간 크게 혼합되어 있다.
pretzel	느슨한 매듭 모양으로 만들어 소금 코팅을 한 스낵으로 단단하고 바삭하다.
purée	채소나 과일 등을 곱게 으깨어 걸러서 부드러운 pulp를 얻기 위한 작업이다.

Q

quark, quarg, kvarg, kwark	탈지유나 부분 탈지유로 만든 cottage cheese style의 치즈로 흰색과 부드러운 향, 그리고 흐르는 듯한 농도를 가지고 있다.
quatre-épices	'4가지 향신료'라는 뜻의 프랑스어로 통후추와 넛맥, 정향, 마른 생강(또는 계피나 allspice)의 혼합물이다.
quenelle	양념한 생선, 가금류, 송아지고기, 엽수조류에 panada, 달걀을 넣어 반죽한 다음 육수에서 포칭해서 만든 달걀 모양의 덤플링이다. 대개 소스와 함께, 또는 수프에 넣어 제공한다.
quesadilla	밀가루 또띠아로 치즈와 육류, 닭고기, 콩 등을 넣어 반으로 접은 다음 굽는 멕시코요리로 살사나 사워크림과 함께 제공한다.

queso	'Cheese'를 뜻하는 스페인어이다.
quiche	프랑스의 디저트로 pastry 반죽에 달걀과 크림을 섞은 달지 않은 savory custard를 채우고 치즈, 베이컨, 햄, 양파, 브로콜리, 버섯과 해산물 등을 넣어 굽는 프랑스요리이다. 베이컨과 그뤼에르 치즈를 혼합하여 만든 quiche lorraine이 매우 유명하다.
quick breads	비스킷, 스콘, 머핀, 커피 케이크처럼 베이킹파우더, 베이킹 소다와 같은 화학적 팽창제(chemical leavening agents)를 사용하여 만드는 빵이나 baked foods로 이러한 제품들은 부드럽고 반죽을 치대거나 발효시키지 않아도 된다.

R

racking	와인이나 맥주, 맥아즙 등의 투명한 액체를 원래의 용기에서 다른 용기에 옮겨 담는 작업으로 고형물을 거르게 된다. 와인에 공기를 주입하는(aerating) 작업을 뜻한다.
radicchio	보라색과 흰색 컵 모양의 잎을 가진 이탈리아산 치커리로 샐러드나 가니쉬로 이용하고 채소처럼 요리한다. Red-leaf chicory라고 한다.
ragoût	잘 양념한 육류와 채소를 사용하고 와인으로 향을 내 풍부한 맛이 나는 프랑스의 전통적인 스튜이다.
raisin	단맛이 나는 건포도를 말한다. 프랑스어로 '포도'이다.
ramekin, ramequin	도자기로 만든 작은 soufflé dish로 4oz. 정도의 용량이다. 크림치즈 filling을 채워 구운 작은 pastry이다.
ratatouille	라따뚜이는 프랑스의 프로방스 지역의 채소 ragoût로 가지, 토마토, 양파, 피망, 호박, 마늘, 허브를 올리브 오일에서 심머링하여 만드는 요리로 빵, 또는 크래커와 함께 제공한다.
ravioli	사각형, 또는 둥근 모양으로 만들어 먹는 이탈리아 파스타로 치즈, 채소, 육류 등 다양한 재료를 넣고 크림, 토마토소스 등과 함께 요리한다. 크루아상 모양으로 빚은 라비올리를 agnolotti라고 한다.
reamer	표면에 홈이 파인 나무로 만든 원뿔 모양의 주방용 소도구로 과일, 특히 감귤류 과일의 즙을 추출할 때 사용한다.

reconstitute	건조한 재료에 액체 등을 넣어 원래의 상태로 되돌리는 것을 의미한다. 예를 들면 건조시킨 우유 고형물에 적정량의 물을 넣어 다시 원래의 우유 형태로 만드는 것이다.
reduce	'졸이다'라는 의미로 육즙이나 소스와 같은 액체 혼합물을 증발을 통해 양이 감소될 때까지 조리하는 것으로, 향이 농축되고 농도가 생겨 걸쭉해진다. 이 과정을 통해 만들어진 소스나 기타 액체를 reduction이라고 한다.
reducing	알코올 음료에 distilled water를 첨가함으로써 알코올 함량이 낮아지도록 만드는 과정이다.
refried beans	조리하여 으깬 pinto beans로 사이드 디쉬나 필링으로 사용한다.
refrigerator cookie	반죽을 통나무(log) 모양으로 빚어 냉장시켰다가 둥글게 잘라 굽는 쿠키로 icebox cookie라고도 한다.
relish	채소나 과일로 만든 소스로 양념으로 사용한다.
relish tray, relish plate	올리브, 피클, 당근 스틱, 체리토마토, 셀러리 줄기 등을 작은 접시에 담아 에피타이저로 제공한다. 한 테이블당 1접시씩 놓고 기다리는 동안, 또는 음료를 마시는 동안 먹는다.
rice pudding	우유, 설탕, 쌀, 향신료 등으로 만드는 크림이나 커스터드와 같은 디저트로 건포도나 큐런트를 가니쉬로 사용한다.
ricer	조리한 감자를 쌀알처럼 작은 조각으로 만드는 데 사용하는 도구로 식품을 hopper에 넣고 누른다.
riso	'쌀'을 의미하는 이탈리아어이다. 쌀알 모양의 파스타로 orzo라고도 한다.
riz	'쌀'을 의미하는 프랑스어이다.
rocks	'Ice cubes'를 뜻한다.
roe	암컷 생선의 spawn에 들어 있는 알(hard roe)과 수컷 생선의 milt에 들어 있는 알(soft roe), 생선이나 갑각류의 난소 막(ovarian membrane) 안에 들어 있는 알 모두를 총칭하는 용어이다.
rolling pin	주방에서 반죽을 밀 때 사용하는 '밀대'이다.

roux	밀가루와 버터를 1:1로 섞어서 가열하여 혼합한 다음 육수를 섞어 농도가 나게 조리한 것으로 색깔에 따라 화이트, 블론드, 브라운 루로 나누고 농후제로 사용한다. 육수를 섞을 때 덩어리(lumps)가 지지 않도록 잘 풀어 주어야 한다.
royal icing	Confectioner's sugar, 달걀흰자, 레몬주스를 혼합하여 만든 icing으로 색이 희고 건조시켰을 때 매우 단단하다. 가는 선이나 꽃 등을 만들어 데코레이션으로 사용한다.
RTC	'Ready to cook'의 약자이다.
RTE	'Ready to eat'의 약자이다.
rubbed	말린 허브를 굵게 다지는 것이다.
rum	사탕수수의 즙이나 당밀, 사탕수수 시럽 등을 발효시켜서 만든 증류주이다. 나무통 속에서 숙성시키면 선명한 황금색이 나고 향이 부드럽다.
rusk	이스트를 넣은 빵을 얇게 썰어 갈색이 나도록 바삭하게 구운 빵으로 zwieback이라고도 한다.
rustic	식음료나 조리 스타일에 관련된 용어로 전문적인 스킬을 요구하지 않는, 단순하고 소박한 향토요리를 말한다. 치즈와 관련된 관능평가 용어로 hearty, earthy flavor, 농가의(barnyardy) aroma를 가지고 있는 farmhouse cheese를 언급할 때 사용하는 용어이다.

S

sablée	Crumbly texture, citrus zest와 아몬드의 향이 나는 프랑스의 쿠키이다.
sake, saké	일본의 대표적인 청주로 쌀을 발효시켜 만든다. 차게 혹은 뜨겁게 제공하며 재료가 곡류이므로 맥주로 분류하기도 하고 rice wine이라고도 한다.
salami	돼지고기나 쇠고기로 만든 이탈리아 소시지로 마늘과 향신료로 양념한다. 드물게 훈제를 하기도 하는데 소금에 절여서 자연 건조시킨다. 크기와 모양, 양념이 매우 다양하다.
salpicon	다이스로 썬 식품을 소스나 시럽, 기타 액체로 결합시킨 것이다.

salsa	스페인어로 소스이다. 멕시코의 전통적인 차가운 소스로 토마토와 실란트로, 칠리, 양파로 맛을 낸다. 일반적으로 신선한 허브와 향신료, 과일, 채소를 섞은 차가운 혼합물로 소스나 딥으로 사용한다. 이탈리아에서는 일반적으로 파스타소스를 말한다. 포르투갈어로 파슬리를 뜻한다.
samosa	인도 동부의 스낵으로 삼각형의 pastry 안에 고기, 채소 등을 넣고 튀긴 것으로 dipping sauce와 함께 제공한다.
sangria	적포도주와 레몬, 오렌지 슬라이스, 설탕, 소다수 등을 섞어 만든 스페인의 punch이다.
Sangrita	테킬라와 토마토 주스, 오렌지 주스, 라임 주스, 곱게 다진 양파, 타바스코소스, 우스터소스, 흰 후추와 셀러리, 소금을 섞어 만든 칵테일이다.
sardine	작은 생선의 총칭으로 뼈가 부드럽고 바다에 사는 은빛이 나는 생선으로 잡은 즉시 훈제하거나 염장, 피클로 만들거나 토마토소스, 겨자, 기름과 함께 통조림으로 만든다. 어린 청어를 일컫는 말이다.
sauce maltaise	홀랜다이즈소스와 Maltese orange juice, Maltese orange 껍질을 섞어 만든 소스로 채소요리, 특히 아스파라거스나 콩요리에 많이 사용한다.
sauteuse	옆면이 사선이며 긴 손잡이가 하나인 기본 프라이팬이다.
sautoir	옆면이 직선이며 긴 손잡이가 하나인데 크기기 큰 경우 고리로 된 보조손잡이가 있다.
savarin	'Baba'의 변종으로 이스트가 들어가는 케이크로 둥근 틀에 굽는다. 럼 시럽에 적셨다가 pastry cream, crème chantilly, 신선한 과일로 가운데를 채운다.
scone	스코틀랜드의 quick bread로 원래는 귀리로 만들어 그리들(griddle)에서 굽는다. 건포도나 말린, 혹은 신선한 과일을 첨가한다. 잼이나 버터, clotted cream과 함께 제공한다.
sec	'Dry'를 의미하는 프랑스어로 달지 않은 와인을 뜻한다. 중간 정도의 단맛을 지닌 스파클링 와인이나 샴페인으로 1.7~3.5%의 설탕을 함유하고 있다.

semolina	듀럼밀, 기타 경질밀을 거칠게 빻은 가루로 단백질 함량이 높아 글루텐 형성이 잘 되므로 주로 파스타 반죽에 쓰인다.
shiso	민트, 바질과에 속하는 짙은 보라색의 잎으로 일식에서 회, 초밥, 덴푸라의 장식으로 많이 쓰인다.
sift	체에 치는 작업으로 마른 재료에서 이물질 등 입자가 굵은 재료를 분리하는 것이다.
skim	액체의 제일 윗부분을 걷어 내는 것으로 소스에서 위층에 있는 기름이나 거품 등을 걷어 낸다. Skim milk는 0.5%의 유지방만을 함유한 우유이다.
sommelier	소믈리에는 와인을 담당하고 있는 웨이터를 뜻하는 프랑스어이다. Wine steward, wine captain이라고도 한다.
spaetzle, spätzle	오스트리아와 독일의 noodles로 밀가루와 물, 달걀을 넣고 반죽하여 구멍이 큰 강판을 통과시켜 바로 끓는 물이나 육즙에서 익힌다. 수프에 넣거나 버터에 볶아 사이드 디쉬로 제공한다.
spaghetti squash	채소 스파게티라고도 불리는 호박(winter squash)으로 노란색의 수박 모양이다. 조리 후에 과육이 스파게티 면처럼 가늘고 길게 갈라져서 붙여진 이름이다.
sprouts	'어린 싹(young shoots)'으로 질감이 부드럽고 맛이 좋으며 견과류와 같은 향을 지니고 있다.
squid	연체동물에 속하는 오징어이다.
star fruit	'Carambola'라고도 하며 반으로 자르면 별과 같은 모양이 되는 열대 과일이다. 샐러드, 디저트에 사용한다.
strudel	'회오리바람'이라는 뜻의 독일어로 얇은 pastry 반죽에 속을 채우고 둥글게 만 다음 갈색이 나도록 바삭하게 굽는 것으로 사과를 넣은 appel strudel이 유명하다.

T

tabasco	멕시코 타바스코 지역에서 재배되는 붉은 고추로 타바스코소스의 주원료이다.
taco	멕시코요리로 쇠고기, 돼지고기, 채소, 토마토, 치즈, 양파, 향신료 등을 섞어 요리한 후 옥수수가루로 만든 또띠아 사이에 넣어 먹는, 일종의 샌드위치이다.

tandoor oven	인도에서 사용하는 오븐으로 진흙과 벽돌로 만들며 꼭대기가 둥근 기다란 원통형이다.
tapas	스페인의 전채요리로 아페리티프나 칵테일과 함께 먹는다.
tart	옆면이 낮은 pastry로 가운데를 다른 재료로 채워 굽는다.
tarte tatin	사과를 통째로 구워 만든 타르트이다.
tea infuser	작고 미세한 구멍이 있는 용기로 차 잎을 넣은 후 물에 넣어 우려내는 도구이다.
tempering	초콜릿을 녹이는 과정으로 온도를 맞추어 초콜릿의 카카오 버터 광택을 최대한 빛나게 하는 작업이다.
terrine	여러 종류의 육류를 다진 것과 향신료, 채소, 버섯 등을 혼합하여 틀에 넣어 모양을 만든 후 가장자리에 라드를 바르는 요리이다.
toffee	설탕과 물, 버터 등을 넣어 만드는 쫄깃하고 단단한 사탕으로 toffee 혼합물은 127~154℃에서 조리한다.
totilla	멕시코의 빵으로 둥글고 납작한, 부풀지 않은 빵으로 그냥 먹기도 하지만 여러 가지 속을 채워 먹는다.
trim	음식을 준비하거나 제공하기 전에 조리 과정에서 식재료의 바람직하지 않은 부분을 제거하는 작업을 뜻한다.
tuile	'기와'를 뜻하는 프랑스어로 아몬드 가루, 달걀흰자 등을 이용하여 만든 얇은 과자로 데코레이션에 많이 사용한다.
turnover	사각형, 원형의 pastry 반죽에 다양한 속 재료를 넣고 반으로 접어 오븐에서 구워 만든 빵으로, 속이 나오지 않도록 가장자리를 잘 여며 준다.

U~Z

unmold	틀에 담은 음식을 틀에서 분리하는 과정이다.
vanilla sugar	정제설탕, 그래뉴당과 같은 설탕과 바닐라 빈을 섞어서 바닐라 향이 나게 만든 설탕으로 제과에 많이 사용하며, 크레이프에 풍미를 더해 준다. 설탕 450g 당 바닐라 빈 2개 정도의 비율로 만든다.

vermicelli	‘작은 벌레’라는 의미의 이탈리아어로 스파게티 면보다 더 가는 면이다.
vert(e)	‘녹색’을 뜻하는 프랑스어이다.
vin	‘Wine’을 뜻하는 프랑스어이다.
vintage	와인 용어로 한 해의 포도 수확을 말한다.
vichyssoise	미국의 차가운 감자 수프이다.
whey	‘유청’을 뜻하며 우유에서 고체 성분을 분리한 후 남은 뿌연 액체이다.
won ton	라비올리와 비슷하게 생긴 작은 만두로 중국 고유의 음식이다.
worcester-shire sauce	‘우스터소스’는 영국인이 인도에서 개발한 소스로 어두운 색의, 유동성 있는 농도의 톡 쏘는 맛을 가지고 있어 육류요리, 그레이비, 칵테일(블러드 메리) 등에 사용한다.
wurst	‘소시지’를 뜻하는 독일어이다.
zest	감귤류의 외피를 칼이나 peeler를 이용해 벗기는 작업, 또는 벗겨 놓은 외피 부분을 이르는 말이다.
zucchini	‘애호박’으로 여름 호박을 의미하는 이탈리아어이다. 껍질이 부드럽고 얇다.
zuppa	‘Soup’를 뜻하는 이탈리아어이다.
zwieback	‘Twice baked’의 뜻을 지닌 독일어로 얇은 빵을 바삭하게 구워 다시 반으로 자른 다음 바삭하게 마를 때까지 두 번 굽는 빵으로 갈색이 나며 단맛이 있고 소화가 잘 된다.

부록

상용 국제용어

commonly used international terms

commonly used international terms

ENGLISH	KOREAN	FRENCH	GERMAN	ITALIAN	CHINESE
alcohol	알코올	álcool	Alkohol	alcool	jiujing
almond	아몬드	amande	Mandel	mandorla	
apple	사과	pomme	Apfel	mela	píngguo
apricot	살구	abricot	Aprikose	albicocca	xìngzi
asparagus	아스파라거스	asperges	Spargel	asparago	longxucai
bacon	베이컨	lard	Speck	pancetta	xianlaròu
bakery	베이커리	boulangerie	Bäckerei	panetteria	miànbaofáng
banana	바나나	banane	Banane	banane	xiangjiao
beans	콩	haricots	Bohnen	fagioli	bian dòu
beefsteak	비프스테이크	bifteck	Beefsteak	bistecca	niúpái
beef	소	boeuf	Rindfleisch	1. manzo 2. bue	níuròu
beer	맥주	bière	Bier	birra	1. pìijiu 2. mai chiu
beverage	음료	boisson	Getränk	bevanda	yin liào
boil (to)	끓이다	bouillir	sieden	bollire	shao kaishiu
bone	뼈	os	1. Bein 2. Gräte(fish) 3. Knochen	osso	gútou
brandy	브랜디	cognac	1. Kognak 2. Branntwein	cognác	báilándi
bread	빵	pain	Brot	pane	miàn bao
breadcrumbs	빵가루	chapelure	Brotkrume	briciole	
breakfast	아침 식사	petit déjeuner	Frühstück	prima colazione	zaofàn

ENGLISH	KOREAN	FRENCH	GERMAN	ITALIAN	CHINESE
butter	버터	beurre	Butter	burro	huángyóu
cabbage	양배추	chou	Kohl	cavolo	bái cài
cafe	카페	café	Cafe	caffè	kafeiguanr
cake	케이크	gâteau	1. Küchen 2. Torte	torta	dán-gao
candy	캔디	confiserie	1. Konfekt 2. Süßigkeit	zucchero candito	táng
carrot	당근	carotte	Karotte	carota	húluóbò
cauliflower	콜리플라워	chou-fleur	Blumenkohl	cavolfiore	càihua
celery	셀러리	céleri	Sellerie	sèdano	qíncài
cheese	치즈	fromage	Käse	fromaggio	nailao
chef	셰프	chef	koch	1. cuoco 2. capocuoco	chúshi
cherry	체리	cerise	Kirsche	cilegia	ying-táo
chicken	닭고기	poulet	Geflügel	pollo	ji
chocolate	초콜릿	chocolat	Schokolade	cioccolata	qiaokeli
chopsticks	젓가락	baguettes	Essstächen	bastoncini	kuàizi
cinnamon	계피	cannelle	Zimt	cannella	guìpí
coconut	코코넛	noix de coco	Kokosnuss	noce di cocco	yezi
coffee	커피	café	Kaffee	caffè	kéfèi
coffee with milk	밀크커피	café au lait	Kaffee mit Milch	caffè latte	niúnai de kéfèi
cold	차가운	froid	kalt	freddo	leng
cook(v)	조리하다	cuire	köchen	cucinare	

ENGLISH	KOREAN	FRENCH	GERMAN	ITALIAN	CHINESE
cookies	쿠키	biscuits	Kekse	biscotti	xiaodianxin
corn	옥수수	maïs	Mais	granturco	yùmi
cream	크림	crème	Creme	1. crema 2. panna	naiyóu
cucumber	오이	concombre	Gurken	cetriolo	huánggua
curry	커리	curry	Curry	curry	gali
date	대추	datte	Dattel	dattero	zaozi
dessert	디저트	dessert	Nachtisch	dolci	tiánshi
dinner	정찬	dîner	Abendessen	cena	wanfan
dry	건조한	sec	trocken	secco	gan
duck	오리	cannard	Ente	anitra	ya
(to) eat	먹다	manger	essen	mangiare	chi
egg	달걀	oeuf	Eier	uovo	dan
eggplant	가지	aubergine	Aubergine	melanzane	qiézi
fat	지방	graisse	Fett	grasso	féi
fennel	회향	fenouil	Fenchel	finocchio	huíxiang
fig	무화과	figue	Feige	fico	wuhuuaguo
fish	생선	poisson	Fisch	pesce	yú
flour	밀가루	farine	Mehl	farina	miànfen
food	음식	nourriture	Speise	cibo	fàn
fork	포크	fourchette	Gabel	forchetta	chazi
fresh	신선한	frais	frisch	fresco	xin xiande
fried	튀긴	frit	fritiert	fritto	chao
fruit	과일	fruit	1. Frucht 2. Obst	frutta	shuiguo

ENGLISH	KOREAN	FRENCH	GERMAN	ITALIAN	CHINESE
garlic	마늘	ail	Knoblauch	aglio	suàn
ginger	생강	gingembre	Ingwer	zènzero	jiang
goat	염소	chèvre	Ziege	capra	shanyáng
goose	거위	oie	Gans	oca	é
grapes	포도	raisins	Trauben	uvas	pútáo
ham	햄	jambon	Schinken	prociutto	huo tui
hazelnut	헤이즐넛	noisette	Haselnüsse	nocciola	zh'nzi
herb	허브	herbe	Kräuter	erba	zuóliào
honey	꿀	miel	Honig	miele	fengmi
hot	뜨거운	chaud	heiss	caldo	rè
hotel	호텔	hôtel	Hotel	albergo	luguan
ice cream	아이스크림	1. glace 2. crème glacée	Eis	gelato	bingjiling
ice	얼음	glace	Eis	ghiaccio	bing
jam	잼	confiture	1. Konfiture 2. Marmelade	marmellata	guojiàng
juice(n)	주스	jus	Saft	succo	shuiguo zhi
kitchen	주방	cuisine	Küche	cucina	chúfáng
knife	칼	couteau	Messer	coltello	daozi
lamb	양	agneau	Lamm	agnello	deng
leek	파	poireau	Lauch	porro	
lemon	레몬	citron	Zitrone	limone	ningméng
lettuce	상추	laitue	1. Salat 2. Lattich	lattuga	sheng cài
lime	라임	citron vert	Limone	limetta	

ENGLISH	KOREAN	FRENCH	GERMAN	ITALIAN	CHINESE
liver	간	foie	Leber	fegato(calves)	gan
lobster	바닷가재	homard	Hummer	aragosta	lóngxia
lunch	점심	déjeuner	Mittagessen	colazione	wufan
mango	망고	mangue	Mangobaum	mango	mangguo
meat	고기	viande	Fleisch	carne	ròu
melon	메론	melon	Melone	melone	
menu	메뉴	carte	Speisekarte	1. lista 2. carta	càidanr
milk	우유	lait	Milch	latte	niún ai
mint	민트	menthe	Minze	mente	bòhetáng
mushroom	버섯	champignon	1. Champignon 2. Pilze	fungo	1. dong gu 2. mogu
mustard	겨자	mustard	Senf	sènape	jièmo
napkin	냅킨	serviette	Serviette	tovagliolo	canjin
noodle	국수	nouilles	Nudel	taglierini	miàntiao
nut	견과	noix	Nuss	noce	
oil	기름	huile	Öl	olio	yóu
olive	올리브	olive	Olive	oliva	gánlan
onion	양파	oignon	Zwiebel	cipolla	yángcong
orange	오렌지	orange	Orange	arancia	ganzi
oven	오븐	four	Backofen	forno	kaoxiang
oyster	굴	huître	Auster	ostrica	muli
parsley	파슬리	persil	Petersillie	prezzomolo	
peach	복숭아	pêche	Pfirsich	pesca	taozi
peanut	땅콩	cacahuète	Erdnuss	arachide	hua sheng

ENGLISH	KOREAN	FRENCH	GERMAN	ITALIAN	CHINESE
pear	배	poire	Birne	pera	lizi
peas	콩	pois	Erbsen	piseli	wandòu
pepper	후추	poivre	Pfeffer	pépe	hújiao
pine nut	잣	pigne	Pinienuss	pinolo	
pineapple	파인애플	ananas	Ananas	ananas	boluó
plate	접시	assiette	Platte	piatto	pánzi
pork	돼지	porc	Schwein	maiale	zhú
potato	감자	1. pommes 2. pommes de terre	Kartoffel	pataat	tudòu
pumpkin	호박	potiron	Kürbis	zucca	
rabbit	토끼	1. lapin 2. lièvre	1.Kaninchen (rabbit) 2. Hase(hare)	coniglio	tùzi
raisin	건포도	raisin sec	Rosine	uva passa	putaogar
raspberry	라즈베리	framboise	Himbeere	lampone	
raw	익히지 않은	cru	roh	crudo	sheng
recipe	레시피	recette	Rezept	ricetta	hupu
restaurant	레스토랑	restaurant	Gaststätte	ristortante	fanguan
rice	쌀	riz	Reis	riso	mifan
ripe	익은	mûr	reif	maturo	shu(fruit)
roast(v)	로스팅	rôti	braten	arrosto	kao
rye	귀리	seigle	Roggen	segale	h'imài
salad	샐러드	salade	Salat	insalata	shalà
salmon	연어	saumon	Lachs salm	salmóne	dà mahayu
salt	소금	sel	Salz	sale	yán

ENGLISH	KOREAN	FRENCH	GERMAN	ITALIAN	CHINESE
sandwich	샌드위치	sandwich	Belegtes brot (open faced)	panino	sanmíngzhì
sauce	소스	sauce	Sosse	salsa	zhi
sausage	소시지	saucisse	Wurst	salame	xiangchang
shallot	샬롯	échalote	Schalotte	scalogno	
shrimp	새우	crevette	Garnele	gambero	xia
slice(v)	얇게 썰다	trancher	schneiden	affetare	
slices (of)	얇은 편(片)	trancher	1. Scheiben 2. Schnitte	fetta	piànr
smoked	훈제하다	fumé	geräuchert	affumicato	
snail	달팽이	escargot	Schnecke	1. chiociola 2. lumaca	
soup	수프	1. soupe 2. potage	Suppe	zuppa	tang
spice	양념	épice	1. Gewürze 2. Würze	spèzia	zuóliào
spicy	매운	piquant	1. würzig 2. pikant	piccante	làde
spinach	시금치	épinard	Spinat	spinaci	bócài
spoon	스푼	cuillère	Löffel	cucchiaio	xiaosháor
stew	스튜	ragoût	Schmoren	stufato	dùn
strawberry	딸기	fraise	Erdbeere	fragola	cao-mei
stuffed	속을 채우다	farci	gefüllt	farcito	
granulated sugar	설탕	sucré	Zucker	zucchero	táng
sweet	달다	sucré	süß	dolce	tián

ENGLISH	KOREAN	FRENCH	GERMAN	ITALIAN	CHINESE
table	테이블	table	Tisch	tavolo	zhuozi
tarragon	타라곤	estragon	Estragon	1. dragoncello 2. serpentaria	
tea	차	thé	Tee	tè	chá
tomato	토마토	tomate	Tomate	pomodoro	xihóngshi
trout	송어	truite	Forelle	trota	zunyu
turkey	칠면조	1. dindon(m) 2. dinde(f)	Truthahn	tacchino	huoji
vanilla	바닐라	vanille	Vanille	vaniglia	xiangcaojing
veal	송아지	veau	Kalb	vitello	xiaoniúròu
vegetables	채소	légumes	Gemüse	contorni	shucài
venison, game	사슴	chevreuil	Wildbret	cèrvo	
vinegar	식초	vinaigre	Essig	aceto	cù
waiter	웨이터	garçon	Kellner	cameriere	fuwuyuan
water	물	eau	Wasser	acqua	shui
wheat	밀가루	blé	Weizen	grano	xiaomài
whisky	위스키	whisky	Schnaps	whisky	weishiji
red wine	적포도주	vin rouge	Rotwein	vino rosso	hóng pútáojiu
white wine	백포도주	vin blanc	Weisswein	vino bianco	bái pútáojiu
yeast	이스트	levure	Hefe	lievito	
yogurt	요구르트	yaourt	Joghurt	iogurt	1. suan niúnai 2. suan nai

참고문헌

- 김미향 외, 서양조리학, 백산출판사
- 원갑연 외 4인, 주장경영실무, 대왕사, 2002
- 조리직무교재, L호텔
- webster' s new world dictionary of culinary arts, 2nd edition, 2000

| 저자소개 |

백승희

- 독일 Saarbrücken Hotelfachschule 졸업
- 중앙대학교 이학박사
- 현 천안연암대학 외식산업계열 교수

윤선영

- 명지대학교 식품영양학과 졸업
- 프랑스 르 꼬르동 블루 졸업
- 커피밀 대표
- 현 천안연암대학 외식산업계열 외래강사

조리용어

발 행 일	2013년 8월 26일 1판 1쇄 발행 2020년 8월 24일 1판 2쇄 인쇄
지 은 이	백승희 · 윤선영
발 행 인	김홍용
펴 낸 곳	도서출판 효일
디 자 인	에스디엠
주 소	서울시 중구 다산로46길 17
전 화	02) 928-6643
팩 스	02) 927-7703
홈 페 이 지	www.hyoilbooks.com
E m a i l	hyoilbooks@hyoilbooks.com
등 록	2001년 10월 8일 제2019-000146호
I S B N	978-89-8489-358-0

값 22,000원